网络强国

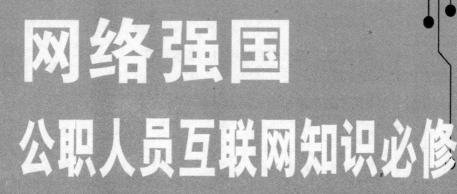

公职人员互联网知识必修

王程◎主编

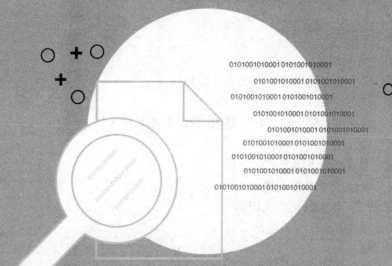

民主与建设出版社

·北京·

©民主与建设出版社,2021

图书在版编目(CIP)数据

网络强国:公职人员互联网知识必修/王程主编. —北京:
民主与建设出版社,2020.11

ISBN 978-7-5139-3328-5

Ⅰ. ①网… Ⅱ. ①王… Ⅲ. ①互联网络—基本知识
Ⅳ. ①TP393.4

中国版本图书馆 CIP 数据核字（2020）第 234214 号

网络强国:公职人员互联网知识必修
WANGLUO QIANGGUO GONGZHIRENYUAN HULIANWANGZHISHI BIXIU

主 编	王 程	
责任编辑	李保华	
封面设计	云 畅	
出版发行	民主与建设出版社有限责任公司	
电 话	(010)59417747　59419778	
地 址	北京市海淀区西三环中路 10 号望海楼 E 座 7 层	
邮 编	100142	
印 刷	三河市腾飞印务有限公司	
版 次	2021 年 1 月第 1 版	
印 次	2021 年 1 月第 1 次印刷	
开 本	710 毫米×1000 毫米　1/16	
印 张	15	
字 数	200 千字	
书 号	ISBN 978-7-5139-3328-5	
定 价	49.00 元	

注:如有印、装质量问题,请与出版社联系。

前　言

　　20世纪中后期以来，计算机及互联网兴起带来的不仅是信息技术领域的革命，它正改变着人们的生活以及我们理解世界的方式，并成为更多新发明、新服务的重要源泉。党的十九大报告提出我们党要善于运用互联网技术和信息化手段开展工作，习近平总书记也指出各级领导干部特别是高级干部要主动适应信息化要求、强化互联网思维，不断提高对互联网规律的把握能力、对网络舆论的引导能力、对信息化发展的驾驭能力、对网络安全的保障能力。

　　未来离不开互联网，对于公职人员来说，增强互联网技能，提升互联网意识，树立互联网思维显得尤为重要。为了满足广大公职人员学网、懂网、用网和管网的需求，正确认识互联网，顺应互联网时代发展潮流，强化互联网思维，不断提高对互联网规律的把握能力、对网络舆论的引导能力、对信息化发展的驾驭能力、对网络安全的保障能力，我们编写了这本书供公职人员学习参考。

　　本书立足互联网时代的大背景，紧扣党的十九大精神以及习近平总书记关于建设网络强国方面的重要论述，结合《中华人民共和国网络安全法》《中华人民共和国电子商务法》《网络信息内容生态治理规定》《国务院关于在线政务服务的若干规定》《微博客信息服务管理规定》《国务院办公厅关于推进政务新媒体健康有序发展的意见》等国家有关政策文件，通过讲理论、讲方法、讲政策、讲数据，全面解答了公职人员在运用互联网思维解决治国理政过程中遇到的具体问题。

　　本书分上下两篇，上篇是公职人员网事理论篇，下篇是公职人员网事实务篇。上篇用七章的笔墨介绍了互联网的过去、现在和未来。互联网的诞生开启了一个全新的时代，随着门户网站的兴起，PC（个人计算机）

互联网发展迅速，进而催生了社交化网络，社交网站、即时通讯软件等社交工具如雨后春笋般出现。互联网的车轮继续前进，电子商务出现在大众视野内，经过 20 多年的发展后已不可同日而语。智能手机的迅猛发展取代了电脑绝大部分功能，移动互联网时代来临。继互联网、移动互联网之后，物联网的发展掀起了新一波信息产业浪潮，物联网成为移动互联网后的下一个时代和机遇。物联网产业作为数字经济的重要支撑力量，正在受到越来越多的关注。纵观互联网时代的发展史，日新月异的信息技术催生了属于这个时代的特定话语体系，这些网言网语对于公职人员开展实际工作必将是有所助益的。

党的十八大以来，习近平总书记多次强调"知行合一"，就公职人员互联网知识的学习来说，既要加强理论学习，走在前列，又要结合实践，干在实处。如何将理论知识运用到实践，本书下篇从网络思维、网络问政、网络舆情、网络决策、网络安全五个方面对此作了详细介绍。互联网对全社会产生了广泛而深刻的影响，也为党的各项工作带来了历史性的机遇和挑战，网络已经成为各级公职人员必须涉足的全新领域。广大公职人员必须清醒地认识并积极主动适应这一系列新机遇新挑战，主动拥抱网络时代，要先人一步学习理论方法，快人一拍掌握互联网技能，自觉提升运用网络工作的能力。

本书列举了 200 个公职人员不可不知的互联网知识，并将插图、表格穿插其中，图文并茂，生动形象地解读，使得知识点更易理解，将为读者带来通俗易懂、体验良好的阅读感，把互联网知识的学习变得简单、轻松、有趣。本书注重理论与实务相结合，内容深入浅出，语言简明通俗，具有较强的针对性和可操作性，是广大公职人员学习互联网知识的一部实用的案头书、工具书。

目　录

上篇　公职人员网事理论篇

一、互联网的诞生：一个全新的时代

二、PC 互联网：门户网站的兴起

三、社交网络出现:社交历史的飞跃

四、电子商务：引领经济发展的新引擎

五、移动互联网:手机替代 PC

六、物联网:一个万物智能的世界

七、网络语言:互联网时代的话语体系

下篇　公职人员网事实务篇

八、网络思维：公职人员要与"网"俱进

九、网络问政：彰显民主新气象

十、网络舆情:舆情应对新挑战

上 篇

公职人员网事理论篇

一、互联网的诞生:一个全新的时代

计算机网络可以溯源到 20 世纪 50 年代初,最初的来源是美国国防部的一个军事网络。 在设计者最初的构想里,并没有要把网络拉到全世界的想法,只是单纯地希望如果有一天核战争爆发,能有一种网络在受到毁灭性攻击之后,依然可以在全世界通行,具有迅速恢复畅通的能力。

计算机网络主要是计算机技术和信息技术相结合的产物,计算机网络包括局域网、城域网、广域网等,互联网属于它的子集。 互联网泛指由多个计算机网络互联而成的计算机网络,即因特网(Internet)。 计算机网络的发展为互联网的发展提供了先决条件,人类的发展逐渐过渡到了互联网时代。 我国的互联网也开始起步并向深度和广度迅速发展。

1.计算机网络发展阶段

计算机网络技术发展和应用速度是非常快的。 计算机网络从形成、发展到广泛应用大致经历了近 60 年的时间。 纵观计算机网络的形成与发展历史,大体可以将它划分为四个阶段。

(1)网络雏形阶段

从 20 世纪 50 年代中期开始,以单个计算机为中心的远程联机系统,构成面向终端的计算机网络,称为第一代计算机网络。

(2)网络初级阶段

从 20 世纪 60 年代中期开始进行主机互联,多个有自主功能的主机通过通信线路互联,以达到资源共享的目的。 20 世纪 60 年代后期,ARPA-

NET 网出现,称为第二代计算机网络。

(3)网络体系结构标准化阶段

20 世纪 70 年代至 80 年代中期,以太网产生,ISO 制定了网络互联标准 OSI/RM,成为研究和制定新一代计算机网络标准的基础。 各种符合 OSI/RM 与协议标准的计算机网络迅猛发展,这一阶段的计算机网络称为第三代计算机网络。

(4)网络互联阶段

从 20 世纪 90 年代中期开始,计算机网络向综合化高速化发展,同时出现了多媒体智能化网络,发展到现在,已经是第四代了。 各种网络进行互联,形成大规模的互联网络。 Internet 是这一阶段的典型代表,特点是互联、高速、智能以及更为广泛的应用。

2. 信息高速公路

信息高速公路就是把信息的快速传输比喻为"高速公路"。 "信息高速公路"的本质是一个高速度、大容量、多媒体的信息传输网络。 其速度之快,比当时网络的传输速度高 1 万倍;其容量之大,一条信道就能传输大约 500 个电视频道或 50 万路电话。 此外,信息来源、内容和形式也是多种多样的。 网络用户可以在任何时间、任何地点以声音、图像、数据或影像等多媒体方式相互传递信息。

信息高速公路的概念源于 1993 年美国公布的"国家信息基础设施行动计划"(National Information Infrastructure,简称 NII),也被称为信息高速公路计划。 信息高速公路计划旨在以因特网为雏形,兴建信息时代的高速公路——"信息高速公路",使所有的美国人方便地共享海量的信息资源。 这里的"信息高速公路"是指数字化大容量光纤通信网络,用以把政府机构、企业、大学、科研机构和家庭的计算机联网。 后来,美国政府又分别于 1996 年和 1997 年开始研究发展更加快速可靠的互联网 2 (Internet 2)和下一代互联网(Next Generation Internet)。 可以说,网络互联和高速计算机网络正成为最新一代计算机网络的发展方向。

3. 网络类型划分标准

虽然网络类型的划分标准各种各样，但是从地理范围划分是一种大家都认可的通用网络划分标准。按这种标准可以把各种网络类型划分为局域网、城域网、广域网和互联网四种。

局域网地理分布范围较小，一般为数百米至数公里。可覆盖一幢大楼、一所校园或一个企业、一个家庭。局域网以 PC 机为主体，包括终端及各种外设，网中一般有路由器、交换机、无线接入点（也叫热点、无线 AP）、服务器、电脑等设备组成。局域网的数据传输速率高，一般为 100Mbps，目前已出现速率高达 1000Mbps 的局域网。可交换各类数字和非数字（如语音、图像、视频等）信息。局域网通常采用短距离基带传输，可以使用高质量的传输媒体，从而提高了数据传输质量，因此误码率就低。

城域网是指跨越一个城市或一个大型校园的大规模计算机网络，通常使用高容量的骨干网技术（光纤链路）来互联多个局域网。它可能是一个单一的网络（例如有线电视网络）也可能是将多个局域网连接起来而形成的一个更大的规模网络。城域网可能由一个私营公司拥有和运作，也可能由一个上市公司来提供服务。

广域网覆盖范围为几百公里到几千公里。广域网在一个区域范围里超过集线器所连接的距离时，必须要透过路由器来连接，这种网络类型称为广域网。如果有北、中、南等分公司，甚至海外分公司，把这些分公司以专线方式连接起来，即称为"广域网"。广域网的发送介质主要是利用电话线或光纤，由互联网服务提供商（ISP）给各个企业做连线，这些线是互联网服务提供商预先埋在马路、湖底，海底的线路，因为工程浩大，维修不易，而且带宽是可以被保证的，所以在成本上就会比较昂贵。

国际互联网，即为因特网，是目前世界上最大的计算机互联网络，它是由那些使用公用语言互相通信的计算机连接而成的全球网络,一旦你的计算机连接到它的任何一个节点上,就意味着它已经联入 Internet。 目前 Internet 的用户已经遍布全球,有超过几亿人,并且它的用户数还在以等比级数上升。 互联网可以看成是局域网、广域网等组成的一个最大的网络,它可以把世界上各个地方的网络都连接起来,个人、政府、学校、企业,只要你能想到的,都包含在内。 互联网是一种宽泛的概念,是一个极其庞大的网络。

4. 因特网的前身

1983 年,美国国防部研制成功了用于异构网络的 TCP/IP 协议,Internet 在美国诞生。 因特网是"Internet"的中文译名,它起源于美国的五角大楼,它的前身是美国国防部高级研究计划局(ARPA)主持研制的 ARPANET。

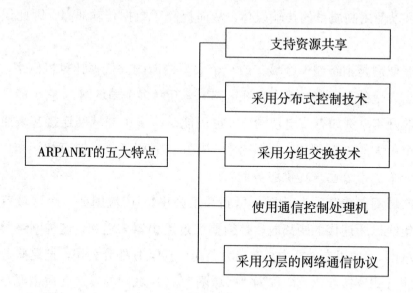

ARPANET 的五大特点

时间追溯到 20 世纪 50 年代末,当时正处于冷战时期。 当时美国军方为了自己的计算机网络在受到袭击时,即使部分网络被摧毁,其余部分仍能保持通信联系,便由美国国防部的高级研究计划局(ARPA)建设了一个军用网,叫作"阿帕网"(ARPANET)。 阿帕网于 1969 年正式启用,当时仅连接了 4 台计算机,供科学家们进行计算机联网实验用,这就是因特网的前身。

5.国际互联网的发展

20 世纪 70 年代,ARPANET 已经拥有几十个计算机网络,但是每个网络只能在网络内部的计算机之间互联通信,不同计算机网络之间仍然不能互通。 为此, ARPA 又设立了新的研究项目,支持学术界和工业界进行有关的研究,研究的主要内容就是想用一种新的方法将不同的计算机局域网互联,形成"互联网"。

1983 年,ARPANET 分裂为两部分:ARPANET 和纯军事用的 MILNET。该年 1 月,ARPA 把 TCP/IP 协议作为 ARPANET 的标准协议,后来,人们把以 ARPANET 为主干网的互联网称为 Internet,并且一直沿用至今。

1986 年,美国国家科学基金会(NSF)建立起了六大超级计算机中心,为了使全国的科学家、工程师能够共享这些超级计算机设施,NSF 建立了自己的基于 TCP/IP 协议簇的计算机网络 NSFNET。 NSF 在全国建立了按地区划分的计算机广域网,并将这些地区网络和超级计算中心相联,最后将各超级计算中心互联起来。 地区网的构成一般是由一批在地理上局限于某一地域,在管理上隶属于某一机构或在经济上有共同利益的用户的计算机互联而成,连接各地区网上主通信结点计算机的高速数据专线构成了 NSFNET 的主干网,这样,当一个用户的计算机与某一地区相联以后,不仅可以使用任何一个超级计算中心的设施,还可以同网上任何一个用户进行通信,同时还可以获得网络提供的大量数据和信息。 后来,网络之父 ARPANET,逐步被 NSFNET 所替代。 ARPANET 于 1990 年退出了历史舞台,NSFNET 成为了 Internet 的重要骨干网之一。

今天的 Internet 已不再是当初计算机专业人员和军事部门进行科研的领域,而是变成了一个开发和使用信息资源的覆盖全球的信息海洋。 在

7

Internet 上，按从事的业务分类包括了广告公司、航空公司、农业生产公司、艺术、导航设备、化工、通信、计算机、咨询、娱乐、财贸、各类商店、旅馆等一百多个种类，覆盖了社会生活的方方面面，构成了一个信息社会的缩影。互联网真正让世界变成了地球村，让国际社会越来越成为你中有我、我中有你的命运共同体。

6. 国际互联网第一事件

(1) 第一封电子邮件

雷·汤姆林森（Ray Tomlinson）是 E-mail 的发明者，被称为"E-mail之父"。最早的 E-mail 应用出现于 20 世纪 70 年代初期的 ARPANET 网络应用上。1971 年，美国 BBN 科技公司的一名工程师 Ray Tomlinson 负责 ARPANET 相关的工作。ARPANET 可谓是全球互联网的鼻祖产品，ARPA 这四个字母就代表"高等研究计划署（Advanced Research Projects Agency）"，ARPANET 是一个通讯网络，使用这个网络，科学家和研究者可以共享他们电脑里的资源。

1971 年秋天，Ray Tomlinson 在为阿帕网工作的测试软件 SNDMSG 时发出了人类历史上的第一封 E-mail，并且首次使用"@"作为地址间隔标示。他改良了 SNDMSG 这个在当时使用的信息传送程序（SNDMSG只能在本地机器上运行，方便使用同一台机器的人共享一些短消息），终于发出了跨计算机的第一封电子邮件。

其实，单机 E-mail 从 20 世纪 60 年代早期就已经出现了。根据《互联网周刊》的报道：世界上的第一封电子邮件问世于 1969 年 10 月，它是由计算机科学家 Leonard K. 教授发给他的同事的一条简短消息，相当于一个 post-it 记事本，可以留在机子上传给另一个用户。但 Tomlinson 调整了 CPYNET 文件传输程序，将其附加到 SNDMSG 上。这就使得用户可以发送远程信息，此举也标志着 E-mail 的问世。

(2) 第一个互联网域名

对于一个网站的发展来说，域名起着非常关键的作用，那么域名是从什么时候开始注册的呢？ 1985 年 3 月 15 日，世界上第一个互联网域名"Symbolics.com"注册。 注册方为一家在美国马萨诸塞州的名为 Symbolics 的电脑公司。 该公司设计并制造的 Lisp 计算机是第一款商用的"通用计算机"和"工作站"。 然而，Symbolics 公司在后来还是没有能够在市场中站稳脚跟，到后来逐渐没落；直到 2005 年，Symbolics 关闭了它在美国加州的设备，该公司的幕后拥有者也于当年逝世。 域名 Symbolics.com 被域名投资网站 XF.com 收购。

(3) 第一个网站

蒂姆·伯纳斯·李建立的世界上第一个网站是"http://info.cern.cn/"，这个网站一开始只有核子研究中心内部的科学家可以使用，一直到了 1991 年 8 月份，整个服务器才向所有可以访问互联网的人开放。 网站本身就像是一个自助网页指南，它解释了万维网是什么，告诉人们如何访问其他人的文件，以及如何建立自己的服务器。 蒂姆·伯纳斯·李后来在这个网站里列举了其他网站，所以它也是世界上第一个万维网目录。

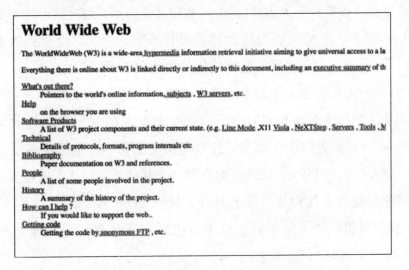

世界上第一个网站网页

（4）第一张网络图片

世界上第一张网络图片是一支女子乐队的宣传海报，由万维网发明者蒂姆·伯纳斯·李在 1992 年上传。1989 年 3 月，蒂姆正式提出了万维网的设想，1990 年 12 月 25 日，他在日内瓦的欧洲粒子物理实验室里开发出了世界上第一个网页浏览器。据介绍，这张照片就是蒂姆于 1992 年传到万维网上的。

照片是由蒂姆的同事希尔瓦诺于 1990 年的 7 月 18 日拍摄的，当时欧洲核子研究中心组织了一次音乐会的活动，希尔瓦诺在后台遇到了一支参加演出的女子乐队，然后就给她们拍下了这张合影。这支乐队是由欧洲粒子物理研究所组建的，在上世纪 90 年代曾经非常受欧洲物理界的欢迎。

在蒂姆和他的团队完成了支持图片文件的新版万维网建设之后，他刚巧看到希尔瓦诺在电脑上用 Photoshop 处理一张图片，也就是他为那支女子乐队拍的照片，于是就要了一张，上传到了一个关于音乐活动的网页上。也就是这个举动，改变了互联网的模样，让网络拥有了这张具备划时代意义的照片。

但是存有这张照片的原始文件的电脑在 1998 年报废，文件也不复存在，这导致了该照片不为大众所知。希尔瓦诺表示，当时自己还对蒂姆的行为很不理解，不知道他为什么要把照片放到网上去，没想到他就这样"创造"了历史，世界上第一张网络图片由此诞生了。

（5）第一次真正意义上的电子商务交易

历史上第一次名副其实的电子商务交易发生在 1994 年，当时互联网刚刚问世。虽然人们经常认为必胜客是历史上第一次电子商务交易的参与者，因为他们从 1994 年底就开始在网络上销售比萨饼了，但是真正第一个尝试吃螃蟹的人其实是一位名叫丹·科恩（Dan Kohn）的人。当时仅有 21 岁的科恩，是一位年轻企业家，在新罕布什尔州经营着一家名为 NetMarket 的网站。

1994 年 8 月 11 日，科恩在网站上卖给了他朋友一张斯汀（Sting）的

《十个召唤师的传奇》CD,他的这位朋友是用全球第一个安全网络交易系统进行支付的。 那笔网购交易的金额为 12.48 美元,其中包括了运费。交易由于受到 PGP 加密技术的保护,所以科恩朋友的信用卡信息不会被泄露出去。 "一次新的尝试,它就相当于是网络世界里的一个购物商城",这是美国《纽约时报》对当时科恩的 NetMarket 所进行的评价。

7. 中国互联网的发展

(1)研究阶段(1986 年 6 月—1993 年 3 月)

这段时间中国一些科研部门和高等院校开始研究 Internet 联网技术,并开展了科研课题和科技合作工作。 1986 年,北京市计算机应用技术研究所实施的国际联网项目——中国学术网(Chinese Academic Network,简称 CANET)启动,其合作伙伴是德国卡尔斯鲁厄大学(University of Karlsruhe)。 1986 年 6 月—1993 年 3 月期间的网络应用只是局限于小范围内的电子邮件服务,且只面向为少数高等院校、研究机构提供电子服务。

(2)起步阶段(1994 年 4 月—1996 年)

1994 年 4 月,时任中科院副院长的胡启恒专程赴美拜访主管互联网的美国自然科学基金会,代表中方重申接入国际互联网的要求。 4 月 20 日,中国实现了与国际互联网的第一条 TCP/IP 全功能链接,成为互联网大家庭中的一员。

1994 年 5 月 15 日,中科院高能物理研究所设立国内第一个 Web 服务器,推出了中国首套介绍高科技发展的网页,其中一个栏目还提供包括经济、文化、商贸等图文信息,后更名为"中国之窗",成为中国利用国际互联网发布信息的主要渠道之一。 后来,互联网开始进入公众生活,得到了飞速发展。

(3)快速增长(1997 年至今)

国内互联网用户数自 1997 年以后保持着较快的增长速度,并且伴随

11

着近年来我国持续推进互联网普及工作,我国的互联网发展日新月异。根据 2020 年 4 月底中国互联网络信息中心(CNNIC)发布的第 45 次《中国互联网络发展状况统计报告》,截至 2020 年 3 月,我国网民规模达 9.04 亿,较 2018 年底增长 7508 万,互联网普及率达 64.5%,较 2018 年底提升 4.9 个百分点。截至 2020 年 3 月,我国手机网民规模达 8.97 亿,较 2018 年底增长 7992 万,我国网民使用手机上网的比例达 99.3%,较 2018 年底提升 0.7 个百分点。我国上网人群占比显著提升,互联网发展迅速。

8. 中国互联网第一事件

(1)中国第一封国际电子邮件发出

1986 年 8 月 25 日,瑞士日内瓦时间 4 点 11 分,北京时间 11 点 11 分,由当时任高能物理所 ALEPH 组(ALEPH 是在西欧核子中心高能电子对撞机 LEP 上进行高能物理实验的一个国际合作组,我国科学家参加了 ALEPH 组,高能物理所是该国际合作组的成员单位)组长的吴为民,从北京发给 ALEPH 的领导——位于瑞士日内瓦西欧核子中心的诺贝尔奖获得者斯坦伯格(Jack Steinberger)的电子邮件(E-mail)是中国第一封国际电子邮件。

中国第一封邮件的发出,意味着我国将可以直接和欧美各国以及太平洋地区的几乎所有大学和科学研究中心通信和交换信息。这对于改变中国计算机发展的国际形象,推广网络应用技术,意义重大。自第一封邮件发出之后,我国互联网事业开始崛起。

(2)第一个上网的媒体

1995 年 10 月 20 日,《中国贸易报》走上互联网,成为中国第一个上网的媒体。至今,据不完全统计,已有百余家媒体有了电子版。

(3)第一部网络法规

1996 年 1 月 23 日,国务院发布《中华人民共和国信息网络国际联网管理暂行规定》,并于发布之日起施行,这是我国首部网络法规。

(4)第一本 Internet 杂志

1997 年 1 月,《网上生活》(英文名《Internet&Intranet》)杂志面世,成为我国第一本 Internet 杂志,该杂志为月刊,由原电子部计算机与微电子发展研究中心主办。

(5)第一例电脑黑客事件

1998 年 6 月 16 日,上海某信息网的工作人员在例行检查时,发现网络遭到了不速之客的袭击。 7 月 13 日,犯罪嫌疑人杨某被逮捕。 这是我国第一例电脑黑客事件。 经调查,此黑客先后侵入网络中的 8 台服务器,破译了网络大部分工作人员和 500 多个合法用户的账号和密码,其中包括两台服务器上超级用户的账号和密码。

当时 22 岁的杨某是国内一著名高校数学研究所计算数学专业的直升研究生,具有国家计算机软件高级程序员资格证书,具有相当高的计算机技术技能。 据说他进行电脑犯罪的历史可追溯到 1996 年。 当时,杨某借助某高校校园网攻击了某科技网并获得成功。 此后,杨某又利用为一电脑公司工作的机会,进入上海某信息网络,其间仅非法使用时间就达 2000 多小时,造成这一网络直接经济损失高达 1.6 万元人民币。

据悉,杨某是以"破坏计算机信息系统"的罪名被逮捕的。 据有关人士考证,这是 1997 年修订后的刑法实施以来,我国第一起以该罪名侦查批捕的刑事犯罪案件。

(6)第一个"政府网"站点

1998 年 12 月 16 日,北京市政府"首都之窗"工作会议透露"首都之窗"站点业已开通,成为我国第一个大规模的"政府网"。 人们有问题要反映可以通过网上市长信箱等在网上直接与市长沟通,群众也多了一条了解政府方针并表达诉求的新渠道。

(7)第一次中国网络大赛

1998 年 12 月 17 日,北京队以总分 230 分夺得了首届中国青少年网络知识大赛第一名,这也是我国首次举办全国网络大赛。 业内资深人士指出，此次大赛是对互联网在中国 10 多年发展的一次检阅，更是一次大动员、大普及。除专业队员参加此次大赛外，共有 40 万公众直接参加了比赛，其中书面答题参赛人数有 20 多万，网上公众参赛人数达 10 多万。

（8）第一家网络电视台

网络被称为继舞台、书报、广播和电视之后的第四媒体。纵观全球信息产业格局的变化，最主要标志是电信网络与媒体的全方位合作，网络电视应运而生。1999 年 6 月 1 日，当天晚上播出的"一片新天地"青少年节目采用网络多媒体与视频相结合的技术，通过交互形式提供包括声音、图像与文字等多种媒介信息，网民通过因特网直接与主持人和嘉宾做同步交流。已经播出的节目将存放于虹桥网的网络服务器里，可以随时回放收看。

9. 互联网发展史的三个阶段

（1）Web1.0 时代

Web1.0 时代，是以编辑为特征，网站提供给用户的内容是网站编辑进行编辑处理后提供的，用户阅读网站提供的内容。该时代的网页是"只读的"，用户只能搜索信息，浏览信息，这个过程是网站到用户的单向行为。在 Web1.0 上做出巨大贡献的公司有网景（Netscape）、雅虎（Yahoo）和谷歌（Google）。Netscape 研发出第一个大规模商用的浏览器，Yahoo 的杨致远提出了互联网黄页，而 Google 后来居上，推出了大受欢迎的搜索服务。在我国，Web1.0 时代的代表站点为新浪、搜狐、网易这些门户网站。

（2）Web2.0 时代

互联网的第二次迭代被称作 Web2.0，也就是"可读写"网络。到了 2.0 时代，用户不仅仅局限于浏览，他们还可以自己创建内容并上传到网页上。Web2.0 的核心概念是互动、分享，所有的网络行为都可用"互动、分享"的概念来作诠释。该时代更注重用户的交互作用，用户既是网站内容的消费者（浏览者），也是网站内容的制造者。 例如，微博、天涯社区等加强了网站与用户之间的互动，网站内容的提供更符合用户需求，为用户提供价值，网站的许多功能也由用户参与建设，实现了网站与用户双向的交流与参与。

（3）Web3.0 时代

Web3.0 使得在线应用和网站可以接收到已经在网络上的信息，并将新的信息和数据反馈给用户。 例如：每次你在淘宝上买东西时，网站的算法都会通过查看与你一样购买过某件产品的用户购买的其他产品或者根据你以前的浏览记录、购买记录来进行推荐。 在这个过程中，网站正在从其他用户身上学习你的购物习惯及潜在偏好，然后向你推荐你可能喜欢的内容。 从本质上来讲，网站本身就是在学习，从而变得更加智能化。

Web3.0 意味着互联网发展史进入到了一个新阶段，互联网的发展又上升了一个台阶。 Web3.0 会让互联网更加智能，将一切进行互联，通过网页和相关组件的穿插，可以为使用者提供更为有效的信息资源，实现数字通信与信息处理、即时信息、交友娱乐、休闲购物、传播与管理的有序有效的结合，让我们的生活更轻松。

10.计算机网络具备的功能

计算机网络能够迅速发展，与其提供的强大功能是息息相关的。 随着网络技术的进一步发展，人们除了可以利用计算机网络进行资源共享、数据通信和远程管理与控制外，还可以进行各种娱乐和商务活动。 计算机网络的功能主要表现在以下几个方面。

（1）资源共享

资源共享是计算机网络提供的最重要的功能之一，包括硬件资源和软件资源共享。 可共享的硬件资源有高性能计算机、大容量存储器、打印机、图形设备、通信线路、通信设备等。 共享硬件的好处是提高硬件资源的使用效率、节约开支。 可共享的软件种类很多，包括大型专用软件、各种网络应用软件、各种信息服务软件等。 共享软件允许多个用户同时使用，并能保持数据的完整性和一致性。

（2）数据通信

远程数据通信是计算机网络的基本功能。 计算机网络为人们提供了强有力的通信手段。 利用网络的通信功能，可以发送电子邮件、打电话、在网上举行视频会议等。 近几年，随着网络技术的发展，计算机网络提供的数据通信服务无论在速度还是质量上，都有了明显的提高。

（3）集中管理和远程控制

利用计算机网络可以轻松地在一个地点对分布在不同地点的设备进行管理（集中管理），还可以对远地系统进行控制（远程控制）。 计算机在没有联网的条件下，每台计算机都是一个"信息孤岛"。 在管理这些计算机时，必须分别管理。 而计算机联网后，可以在某个中心位置实现对整个网络的管理。 如数据库情报检索系统、交通运输部门的售票系统、军事指挥系统等。

（4）分布式信息处理

假设企业分布在不同的城市，每个城市都需要计算机处理信息，那么可以通过计算机网络在不同计算机之间交换数据。 当某台计算机负担过重时，或该计算机正在处理某项工作时，网络可将新任务转交给空闲的计算机来完成，这样处理能均衡各计算机的负载，提高处理问题的实时性。

对大型综合性问题，可将问题各部分交给不同的计算机分头处理，充分利用网络资源，扩大计算机的处理能力，即增强实用性。 对解决复杂问题来讲，多台计算机联合使用并构成高性能的计算机体系，这种协同工作、并行处理要比单独购置高性能的大型计算机便宜得多。

（5）提高计算机系统的可靠性

有了计算机网络，计算机系统软件和硬件的可靠性都得到提高，例如，还可以利用多个服务器为用户提供服务，当某个服务器崩溃时，其他服务器可以继续提供服务；也可以将数据存储在网络中多个地方，当某个地方不能访问时，可以方便地从其他地方继续访问。

(6)娱乐和电子商务

计算机网络使人们进一步摆脱了地域限制，能够享受多种形式的娱乐消遣。 人们可以通过交互方式探访以前只能在梦中游览的地方，也可以在旅行之前先预览一下目的地实景。 人们还可以在网上听歌、看书、玩游戏、观看电影及体育赛事和音乐会的直播等。

除了娱乐消遣外，计算机网络还催生了电子商务。 随着计算机网络的发展，新兴的电子商务也在不断地走向成熟，走到人们的生产生活中。在电子商务给人们带来巨大方便和实惠的同时，也为人们节约了大量的时间。 同时，电子商务扩大了经销商销售的受众人群，从单一的面对面交流买卖到全网络用户的买卖。

二、PC 互联网：门户网站的兴起

1994 年 4 月 20 日，正当亚马逊、雅虎、网景等一批互联网新星将互联网从学术的后台推向历史舞台的时候，中关村地区教育与科研示范网络工程通过美国 Sprint 公司连入 Internet 的 64K 国际专线开通，实现了与 Internet 的全功能连接。终于，中国成为国际上第七十七个正式真正拥有全功能 Internet 的国家。

中国互联网发展二十年来，创造了一个又一个伟大的互联网世界之最。1999 年前后，随着门户网站的出现和电脑的逐渐普及，我国正式开始进入 PC 互联网时代。以新浪、搜狐、网易为代表的门户网站一直是中国互联网不容忽视的力量，不断满足着数亿用户的资讯需求。PC 互联网时代，门户网站的兴起，既是一种机遇又是一种挑战。

11. CPU

1971 年，Intel 生产的 4004 微处理器将运算器和控制器集成在一个芯片上，标志着 CPU 的诞生。CPU 即中央处理器，是电子计算机的主要设备之一，是电脑中的核心配件。其功能主要是解释计算机指令以及处理计算机软件中的数据。CPU 是计算机中负责读取指令，对指令译码并执行

CPU

指令的核心部件。 中央处理器主要包括两个部分，即控制器、运算器，其中还包括高速缓冲存储器及实现它们之间联系的数据、控制的总线。CPU、内部存储器、输入/输出设备构成电子计算机三大核心部件。 中央处理器的主要功能是处理指令、执行操作、控制时间、处理数据。

在计算机体系结构中，CPU 是对计算机的所有硬件资源（如存储器、输入/输出单元）进行控制调配、执行通用运算的核心硬件单元。 CPU 是计算机的运算和控制核心。 计算机系统中所有软件层的操作，最终都将通过指令集映射为 CPU 的操作。

12. 芯片

电脑芯片其实是个电子零件，在一个电脑芯片中包含了千千万万的电阻、电容以及其他小的元件。 电脑上有很多的芯片，内存条上一块一块的黑色长条是芯片，主板、硬盘、显卡等上都有很多的芯片，CPU 也是块电脑芯片，只不过它比普通的电脑芯片更加复杂，更加精密。

芯 片

13. 主板

主板在电脑中是核心配件之一，它相当于电脑的骨架或者躯干，用来支撑各个硬件的连接。 电脑中所有的硬件必须安装连接到主板中，所以主板又可以称为母板或者主机板、系统板。 它安装在机箱内，是微机最基本的也是最重要的部件之一。

主板一般为矩形电路板，上面安装了组成计算机的主要电路系统，一般有 BIOS 芯片、I/O 控制芯片、键盘和面板控制开关接口、指示灯插接件、扩充插槽、主板及插卡的直流电源供电接插件等元件。 主板的另一特点，是采用了开放式结构。 主板上大都有 6－8 个扩展插槽，供 PC 机外围设备的控制卡（适配器）插接。 通过更换这些插卡，可以对微机的相应子系统进行局部升级，使厂家和用户在配置机型方面有更大的灵活性。总之，主板在整个微机系统中扮演着举足轻重的角色。 可以说，主板的类型和档次决定着整个微机系统的类型和档次，主板的性能影响着整个微机系统的性能。

主板的质量会关系到整机稳定和质量，就比如让一个博士后在铁路售票窗口卖票一样，博士后就是高端处理器，铁路售票窗口是低端主板，博士后在售票窗口卖票是屈才，高端处理器在低端主板上工作也会限制 CPU的潜力。 好的 CPU 搭配好的主板才能发挥出最好的性能。 好主板的PCB 板不仅非常厚实不容易折断，而且布局合理，散热效果也特别好。一般来说，采用固态电容的主板的寿命要高于采用电解电容的主板。

主板在选择上要以大品牌、稳定性产品为主，华硕、技嘉是两大一线主板品牌厂商。 选购主板时，首先要看自己想要什么样的电脑，能配什么样的处理器以及采用哪种档次的显卡，然后再决定采用哪种主板。

14. 内存

内存是外存与 CPU 之间进行沟通的桥梁，是计算机中重要的部件之一。 因为计算机中所有程序的运行都是在内存中进行的，所以内存的性能对计算机的影响非常大。 内存又被称为内存储器和主存储器，其作用是用于暂时存放 CPU 中的运算数据，以及与硬盘等外部存储器交换的数据。 只要计算机在运行中，操作系统就会把需要运算的数据从内存调到CPU 中进行运算，当运算完成后 CPU 再将结果传送出来，内存的运行也决定了计算机的稳定运行。 内存条是由内存芯片、电路板、金手指等部分组成的。

内存条在电脑内主要的作用就是记忆与加载的功能，虽然内存很重要，但并不代表电脑内存条容量越大越好。 这是由于一台运行流畅的电脑不是仅仅依靠某个硬件就可以达到的，而是需要依靠综合性能的匹配。选择内存条的容量一定要参考 CPU 与显卡的性能，根据自己电脑使用需求而定。 一般来说，办公类低端电脑 4G 容量内存条足够，中端游戏电脑 8G 容量内存条足够，玩大型网络游戏以及业余制图的电脑搭配 16G 容量内存条足够，有专业制图和视频剪辑之类的需求，32G 容量内存条足够，一些工作站和服务器电脑可选择 64G 容量的内存条。

15.硬盘

硬盘是电脑主要的存储媒介之一，由一个或者多个铝制或者玻璃制的碟片组成。 碟片外覆盖有铁磁性材料。 早期的硬盘存储媒介是可替换的，不过时至今日典型的硬盘是固定的存储媒介，被永久性地密封固定在硬盘驱动器中。

1956 年，IBM 推出了第一款硬盘产品，名为 IBM 350 RAMAC，最初的目的是用于 IBM RAMAC 主机电脑。 它有两个冰箱那么宽，内部安装了 50 个直径为两英尺的磁盘，重量约 1 吨，可以存储 500 万个字符的数据。 1973 年，IBM 研制成功了一种新型的硬盘 IBM 3340。 这种硬盘拥有几个同轴的金属盘片，盘片上涂着磁性材料。 它们和可以移动的磁头共

硬　盘

同密封在一个盒子里面，磁头能从旋转的盘片上读出磁信号的变化——这就是我们今天使用的硬盘的祖先，IBM 把它叫作温彻斯特硬盘。 随着科学技术的发展，可移动硬盘也出现了，而且越来越普及，种类也越来越多。

历经数十年的沧桑，硬盘在发挥重要作用的同时还在不断发展。 随

着技术的进步，硬盘的体积越来越小而容量则越来越大，数据访问的速度越来越快，数据保存的时间越来越长，硬盘在新技术的推动下重新焕发出了生机。

16. 软盘

软盘（Floppy Disk）是个人计算机（PC）中最早使用的可移动备份存储设备。它有八寸、五又四分一寸、三寸半之分，分为硬磁区及软磁区。软盘片是覆盖磁性涂料的塑料片，用来储存数据文件。

1967年，IBM公司推出了世界上第一张软盘，直径32英寸。1971年，IBM公司又推出了一种直径为8英寸的表面涂有金属氧化物的塑料质磁盘，发明者是艾伦·舒加特，这就是我们常说的标准软盘的鼻祖，容量仅为81KB。1976年8月，艾伦·舒加特宣布研制出5.25英寸的软盘，售价390美元，后来用在IBM早期的PC中。艾伦·舒加特后离开IBM创办了希捷公司，他也被尊为磁盘之父。1979年索尼公司推出了3.5英寸的双面软盘，其容量为875KB，到1983年已达1MB，后来到了20世纪90年代，容量为1.44MB的3.5英寸软盘一直是PC的标准的数据传输方式。

软 盘

然而好景不长，由于软盘的容量实在太小了，存取速度也慢，随着光盘的普及、U盘的出现，容量又大又方便，软盘的应用逐渐衰落直至淘汰。 1996 年时全球有多达 50 亿只软盘在使用，直到 CD-ROM、USB 存储设备出现后，软盘销量逐渐下滑。 1998 年苹果推出了第一代 iMac，是第一台舍弃软式磁盘驱动器的电脑，戴尔 2003 年推出的 Dimension 台式机也开始放弃了软盘支持。 之后，标配软驱的新电脑越来越少。 2009 年 9 月，索尼公司宣布，公司已经于该年上半年内全面停产 3.5 寸软盘驱动器产品。

17. 操作系统

操作系统（Operating System，简称 OS）是管理计算机硬件与软件资源的计算机程序。 操作系统需要处理的基本事务有管理与配置内存、决定系统资源供需的优先次序、控制输入设备与输出设备、操作网络与管理文件系统等。 操作系统也提供一个让用户与系统交互的操作界面。

操作系统的诞生距今已经有几十年的时间了，但它并不是与计算机硬件一起诞生的，它是计算机资源的管理者，它是在人们使用计算机的过程中，为了满足两大需求：提高资源利用率、增强计算机系统性能，伴随着计算机技术本身及其应用的日益发展，而逐步地形成和完善起来的。

不管是 Windows 操作系统、Linux 系统还是 Mac OS 操作系统，甚至包括操作系统的鼻祖 Unix 操作系统，最早都是用 C 语言编写的。 Unix 操作系统和 C 语言都是由贝尔实验室的汤普森（Ken Thompson）和丹尼斯·里奇（Dennis M. Ritchie）于 1971 年先后改造发明的，如果说真正的操作系统，世界上只有一个，那就是 Unix 操作系统。

然而 Unix 操作系统在日常生活中很少涉及，目前常见的三大操作系统为 Windows 系统、Linux 系统 和 Mac OS 操作系统，这三个系统设计上有本质的区别。 最大的区别在于 Windows 是一个成熟的商业操作系统，拿过来就能用，而 Linux 不同，它是指一个内核，Mac OS 操作系统是 Unix 的一个衍生品。 其中 Mac OS 和 Windows 是目前最为流行的两大电脑操作系统。

各类操作系统对比表

操作系统	形态	发源	用途
Windows	商业产品	微软公司 1983 年开始推出的一套商业操作系统。	办公、娱乐
Linux	一个内核	芬兰的李纳斯·托沃兹（Linus Torvalds）1991 年上大学时发布的，他对当时流行的教学系统 Minix（Unix 的一个版本）的很多特点相当不满意，于是决定自己写一个合乎自己要求的操作系统，并把这个内核放到了 Internet 上，供大家修改。后来众多世界顶尖的软件工程师又对其进行不断修改和完善。	建设网站，搭建服务器
Mac OS	专属系统	是苹果公司基于 FreeBSD 操作系统（Unix 演变了 V1－V6 六代，FreeBSD 源于 NetBSD，来源于 Unix V6）的改造。	专业做图

18. 应用软件

应用软件是为某种实际应用或解决某类问题所编制的各种应用程序。它可以是一个特定的程序，比如一个图像查看器，也可以是一组功能联系紧密，可以互相协作的程序的集合，比如微软的 Office 软件。也可以是一个由众多独立程序组成的庞大的软件系统，比如数据库管理系统。电脑作为工作学习中必不可少的工具，给我们的生活带来了越来越多的便利，在使用电脑前，需要安装一些必备的应用软件。

（1）办公软件：Microsoft Office 等

Microsoft Office 是微软公司开发的一套基于 Windows 操作系统的办公软件套装。常用组件有 Word、Excel、PowerPoint 等。

（2）解压缩软件：Bandizip 等

这款软件操作简单，压缩、解压缩文件效率高，还可自动生成文件夹,可以显示压缩文件预览,无广告以及恶意捆绑现象等。 常用的解压缩软件还有 WinRAR、7-ZIP、360 压缩、2345 好压等。

(3)媒体播放器:Windows Media Player 等

媒体播放器,又称媒体播放机,通常是指电脑中用来播放多媒体的播放软件,把解码器聚集在一起,产生播放的功能。 例如 Windows Media Player 等。

(4)图像/动画编辑工具:Adobe Photoshop 等

Adobe Photoshop,简称 "PS",是由美国的 Adobe 公司开发和发行的图像处理软件。 Photoshop 主要处理由像素所构成的数字图像。 使用其众多的编修与绘图工具,可以有效地进行图片编辑工作。 PS 具备多种功能,在图像、图形、文字、视频、出版等各方面都有涉及。

(5)通信工具:QQ 等

QQ 是腾讯公司开发的一款基于 Internet 的即时通信(IM)软件。 目前 QQ 已经覆盖 Microsoft Windows、OS X、Android、iOS、Windows Phone 等多种主流平台,其标志是一只戴着红色围巾的小企鹅。 腾讯 QQ 支持在线聊天、视频通话、点对点断点续传文件、共享文件、网络硬盘、自定义面板、QQ 邮箱等多种功能,并可与多种通讯终端相连。

(6)安全软件:360 安全卫士等

一款好的安全防护软件可以及时修复系统中存在的安全漏洞,也可以在外界网络入侵自己电脑时将其阻挡,从而提高了电脑的安全系数,目前大多数用户选择的安全防护软件是 360 安全卫士。

19. 网卡

网卡是工作在链路层的网络组件,是局域网中连接计算机和传输介质的接口,不仅能实现与局域网传输介质之间的物理连接和电信号匹配,还涉及帧的发送与接收、帧的封装与拆封、介质访问控制、数据的编码与解码以及数据缓存的功能等。

网络是通过模拟信号将信息转化为电流传播的，网卡在这里面就充当了一个解码器的作用，将电信号重新转换为文字图像等就是网卡的责任。 网卡的其他功能还有监控上传、下载流量、控制网速稳定，它就相当于电脑的港口，所有信息上传到网络之前都要先到网卡这里走一遭。 每台电脑都有网卡，没有网卡就无法上网。 可在台式机上使用的无线网卡主要有 PCI、PCIE、USB 等多种接口，其中 PCI 和 PCIE 接口的无线网卡可以直接插在台式机主板的 PCI 插槽中，USB 接口的无线网卡可以和主板的 USB 接口连接。

20. TCP/IP 协议

TCP/IP 是 "Transmission Control Protocol/Internet Protocol" 的简写，中文译名为 "传输控制协议/因特网互联协议"，又名 "网络通讯协议"，是 Internet 最基本的协议、Internet 国际互联网络的基础，由网络层的 IP 协议和传输层的 TCP 协议组成。 TCP/IP 定义了电子设备如何连入因特网，以及数据如何在它们之间传输的标准。 协议采用了 4 层的层级结构，每一层都呼叫它的下一层所提供的协议来完成自己的需求。 通俗而言：TCP 负责发现传输的问题，一有问题就发出信号，要求重新传输，直到所有数据安全正确地传输到目的地。 而 IP 是给因特网的每一台联网设备规定一个地址。

TCP/IP 协议是目前世界上应用最为广泛的协议，它的流行与 Internet 的迅猛发展密切相关。 TCP/IP 最初是为互联网的原型 ARPANET 所设计的，目的是提供一整套方便实用、能应用于多种网络上的协议，事实证明 TCP/IP 做到了这一点，它使网络互联变得容易起来，并且使越来越多的网络加入其中，成为 Internet 的事实标准。 网络中的电脑能够通过 TCP/IP 协议接入到互联网，可以说 PC 互联网的辉煌离不开 TCP/IP 协议。

21. 域名

网络是基于 TCP/IP 协议进行通信和连接的，每一台主机都有唯一且固定的 IP 地址，以此来区分因特网上数量庞大的主机。 IP 地址是数字型的，数字较多不方便记忆，于是人们又发明了域名地址，采用字符型结构。 域名是 Internet 网络上的一个服务器或一个网络系统的名字，在全世界，没有重复的域名。 域名的形式是以若干个英文字母和数字组成，由 "．"分隔成几部分，如 "bai.com"就是一个域名。 域名不分大小写，主要在浏览器地址栏中输入网址，全世界接入 Internet 网的人都能够准确无误地访问到主页。 IP 地址相当于电脑的身份证号码，而域名地址则如同电脑的姓名，方便人们记忆和使用。

一个完整的域名由两个或两个以上部分组成，各部分之间用英文的句号 "．"来分隔，最后一个 "．"的右边部分称为顶级域名（TLD，也称为一级域名），最后一个 "．"的左边部分为二级域名（SLD），二级域名的左边部分称为三级域名，以此类推，每一级的域名控制它下一级域名的分配。目前，国际上出现的顶级域名有 "．com" "．net" "．org" "．gov" "．edu" "．mil" "．cc" "．to" "．tvy"以及国家或地区的代码，其中最通用的是 "．com" "．net" "．org"。 "．com"适用于商业实体，它是最流行的顶级域名，任何人都可注册一个 "．com"域名。 "．net"最初用于网络机构例如 ISP，同样，现在任何一个人都可以注册一个 "．net"域名。 "．org"由最初的用于各类组织机构包括非盈利团体，演变为任何人都可以注册一个 "．org"域名。 像 cn（中国）、fr（法国）、au（澳大利亚）这样两个字母的域名谓之国家代码顶级域名（ccTLDs），通过 ccTLDs，基本上可以辨明域名持有者的国家或地区。

22. 网站备案

网站备案是指向主管机关报告事由存案以备查考。 行政法角度看备案，实践中主要是《立法法》和《法规规章备案条例》的规定。 网站备案的目的就是为了防止在网上从事非法的网站经营活动，打击不良互联网信息的传播，如果网站不备案的话，很有可能被查处以后关停。 因此，网站需要及时备案，所需材料如下：

（1）单位主办网站，除如实填报备案管理系统要求填写的各备案字段项内容之外，还应提供如下备案材料：

①网站备案信息真实性核验单。

②单位主体资质证件复印件（加盖公章），如工商营业执照、组织机构代码、社团法人证书等。

③单位网站负责人证件复印件，如身份证（首选证件）、户口簿、台胞证、护照等。

④接入服务商现场采集的单位网站负责人照片。

⑤网站从事新闻、出版、教育、医疗保健、药品和医疗器械、文化、广播电影电视节目等互联网信息服务，应提供相关主管部门审核同意的文件复印件（加盖公章）；网站从事电子公告服务的，应提供专项许可文件复印件（加盖公章）。

⑥单位主体负责人证件复印件，如身份证、户口簿、台胞证、护照等。

⑦网站所使用的独立域名注册证书复印件（加盖公章）。

（2）个人主办网站，除如实填报备案管理系统要求填写的各备案字段项内容之外，还应提供如下备案材料：

①网站备案信息真实性核验单。

②个人身份证件复印件，如身份证（首选证件）、户口簿、台胞证、护照等。

③接入服务商现场采集的个人照片。

④网站从事新闻、出版、教育、医疗保健、药品和医疗器械、文化、广播电影电视节目等互联网信息服务，应提供相关主管部门审核同意的文件（加盖公章）；网站从事电子公告服务的，应提供专项许可文件（加盖公章）。

⑤网站所使用的独立域名注册证书复印件。

查询网站备案信息时要登录工信部 ICP/IP 地址/域名信息备案管理系统网站（http://beian. miit. gov. cn/），点击"ICP 备案查询"，按要求填入相关信息即可查询。

其实网站备案就是 ICP 备案，两者是没有本质区别的，即为网站申请 ICP 备案号，ICP 备案最终的目的就是给网站域名备案。 而网站备案和域名备案本质上也没有区别，都是需要给网站申请 ICP 备案号。 网站的备案是根据空间 IP 来的，域名要访问空间必须要求能够解析一个 IP 地址。网站备案指的就是空间备案，域名备案就是对能够解析这个空间的所有域名进行备案。

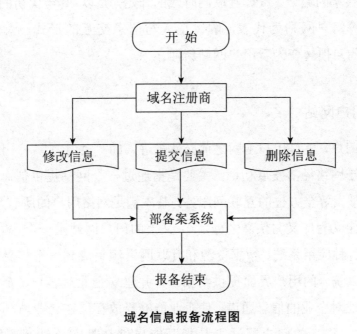

域名信息报备流程图

23. PC 互联网

PC 的英文全称是"personal computer"，中文直译大家都叫作"个人电脑"或"个人计算机"，个人计算机由硬件系统和软件系统组成，是一种能独立运行,完成特定功能的设备,不需要共享其他计算机的处理、磁盘和打印机等资源也可以独立工作。

PC 一词最早出现于 1981 年,它是 IBM 生产的第一台桌上计算机的型号。在今天,严格来说并不是所有电脑都可以叫作 PC,PC 一词具有相当广泛的含义,它是多类电脑的统称,像台式电脑、笔记本电脑、上网本电脑、掌上电脑、一体机、平板电脑、超级本电脑、嵌入式计算机等,均属于 PC 的含义范畴。

PC 互联网是指基于通过 PC 端的互联网的技术、平台、商业模式和应用,通俗地讲,PC 互联网是在 PC 端的基础上,以相互交流信息资源为目的,基于一些共同的协议,并通过许多路由器互联而成,它是一个信息资源和资源共享的集合。PC 互联网时代的开始,是以 90 年代初的网易、搜狐、新浪等门户网站为代表,解决了人与信息交互的形式,人们从看报纸、杂志的习惯转变为看门户网站新闻。

24.门户网站

所谓门户,就是用户上网之前必然先进入的"大门口"。门户网站的概念诞生于网络经济发展初期,主要是指通过一个网站提供信息内容、电子邮箱、搜索等全方位的互联网服务,基本满足网络用户的所有需求。门户网站的定义有广义与侠义之分。广义上的门户网站是一个 Web 应用框架,它将各种应用系统、数据资源和互联网资源集成到一个信息管理平台之上,并以统一的用户界面提供给用户,并建立企业对客户、企业对内部员工和企业对企业的信息通道,使企业能够释放存储在企业内部和外部的各种信息。狭义的门户网站则是指既能提供某类综合性互联网信息资源,又能提供有关信息服务的应用系统。

门户网站最初提供搜索服务、目录服务,后来由于市场竞争日益激烈,门户网站不得不快速地拓展各种新的业务类型,希望通过门类众多的业务来吸引和留住互联网用户,以至于目前门户网站的业务包罗万象,成为网络世界的"百货商场"或"网络超市"。从现在的情况来看，门户网站主要提供新闻、搜索引擎、网络接入、聊天室、电子公告牌（BBS）、免费邮箱、电子商务、网络社区、网络游戏、免费网页空间等服务。全球范围内著名的门户网站有谷歌、雅虎，在我国则是新浪、网易、搜狐、腾讯等。

25. 四代搜索引擎

搜索引擎是根据一定的策略、运用特定的计算机程序从互联网上采集信息，在对信息进行组织和处理后，为用户提供检索服务，将检索的相关信息展示给用户的系统。搜索引擎可以帮助人们在浩如烟海的信息海洋中搜寻到自己所需要的信息。搜索引擎的实质也是一个网站，只不过这个网站是专门为用户提供信息"检索"服务的，它旨在提高人们获取搜集信息的速度，为人们提供更好的网络使用环境。搜索引擎是伴随互联网的发展而产生和发展的，大致经历了四代的发展。

（1）第一代搜索引擎

1994年第一代真正基于互联网的搜索引擎Lycos诞生，它以人工分类目录为主，代表厂商是雅虎，特点是人工分类存放网站的各种目录，用户通过分类目录找到自己想要的东西，现在也还有这种方式存在。这就是第一代搜索引擎，也是分类目录时代。

（2）第二代搜索引擎

随着网络应用技术的发展，用户开始希望对内容进行查找，出现了第二代搜索引擎，也就是利用关键字来查询，最具代表性的是谷歌，它建立在网页链接分析技术的基础上，使用关键字对网页搜索，能够覆盖互联网的大量网页内容，该技术是在分析网页的重要性后，将重要的结果呈现给用户。

（3）第三代搜索引擎

随着网络信息的迅速膨胀，用户希望能快速并且准确的查找到自己所要的信息,因此出现了第三代搜索引擎。 相比前两代,第三代搜索引擎更加注重个性化、专业化、智能化,使用自动聚类、分类等人工智能技术,采用区域智能识别及内容分析技术,利用人工介入,实现技术和人工的完美结合,增强了搜索引擎的查询能力。 第三代搜索引擎的代表是Google,它以宽广的信息覆盖率和优秀的搜索性为发展搜索引擎的技术开创了崭新的局面。

(4)第四代搜索引擎

随着信息多元化的快速发展,通用搜索引擎在目前的硬件条件下要得到互联网上比较全面的信息是不太可能的,这时,用户就需要数据全面、更新及时、分类细致的面向主题的搜索引擎,这种搜索引擎采用特征提取和文本智能化等策略,相比前三代搜索引擎更准确有效,被称为第四代搜索引擎。

26.搜索引擎代表

(1)雅虎搜索引擎

雅虎(www.yahoo.com)是全球第一家门户搜索网站,也是 20 世纪末互联网奇迹的创造者之一。 在 1994 年,年仅 25 岁的杨致远和同学大卫·费罗(David Filo)在斯坦福大学读书期间,创建了一个名为"Jerry's Guide to the World Wide Web"的网站,旨在满足成千上万的、刚刚开始通过网络社区使用网络的用户的需要,这就是雅虎的雏形。

1994 年 4 月,网站的两位创始人杨致远和大卫·费罗根据《格列佛游记》将网站更名为"Yahoo!"意为"粗鲁,不通世故,粗俗"。 杨致远和David Filo 选择这个名字的原因就是他们觉得自己就是"Yahoo"。 还有一种说法,David Filo 和杨致远坚持他们选择这个名称的原因是他们喜欢字典里对"Yahoo"的定义"粗鲁,不通世故,粗俗"。 截至 1994 年年底,网站点击量已破百万。 同时由于访问量的剧增,校方服务器难堪重负,两位创始人被迫放弃博士学位,携手创建了雅虎软件公司。

雅虎的服务包括搜索引擎、电邮、新闻等，业务遍及 24 个国家和地区，为全球超过 5 亿的独立用户提供多元化的网络服务。 1999 年 9 月，中国雅虎网站开通。 2005 年 8 月，中国雅虎由阿里巴巴集团全资收购。中国雅虎（www. yahoo. com. cn）开创性地将全球领先的互联网技术与中国本地运营相结合，成为中国互联网界位居前列的搜索引擎社区与资讯服务提供商。 中国雅虎一直致力于以创新、人性、全面的网络应用，为亿万中文用户带来最大价值的生活体验，成为中国互联网的"生活引擎"。 2005 年、2006 年，中国雅虎分获由 IT 风云榜评出的"搜索引擎年度风云奖"和第五届互联网搜索大赛"搜索产品用户最高满意奖"等殊荣。

然而好景不长，2013 年 8 月 20 日，中国雅虎邮箱停止服务，2013 年 9 月 1 日零时起，中国雅虎不再提供资讯及社区服务，原有团队将专注于阿里巴巴集团公益事业的传播。 这意味着中国雅虎旗下的主要业务停止运作，仅剩下品牌。 到了 2016 年，雅虎将核心资产以 4 亿美元卖给美国电信巨头威瑞森（Verizon）后，转型为一家投资公司。

（2）谷歌搜索引擎

谷歌公司（Google Inc. ）成立于 1998 年 9 月 4 日，由拉里·佩奇和谢尔盖·布林共同创建，佩奇和布林开发出一个具有革命性意义的搜索引擎 Backrub，两年后，当搜索算法变得更加精确和优越时，这款产品被重新命名为谷歌。 1998 年的时候，大部分互联网仍是零散内容的大杂烩。 但是谷歌的出现，让互联网对于每个人来说都变得更加有用，更加息息相关。 动动手指，我们就可以查到各种信息。 它不仅是世界上最大的搜索引擎公司，也是第一家对众人来说极为重要的公司，在全球范围内拥有无数的用户，以至于"谷歌"还演化成了一个带有"搜索"意思的动词。

谷歌搜索引擎提供常规搜索和高级搜索两种服务。 谷歌的搜索速度极快，网页数量在搜索引擎中名列前茅，支持多达 132 种语言，搜索结果准确率极高,具有独到的图片搜索功能和强大的新闻组搜索功能。 谷歌提供了最便捷的网上信息查询方法,通过对 30 多亿个网页进行整理,可为世界各地的用户提供适合需要的搜索结果,而且搜索时间通常不到半秒。与其他主要依赖关键词的搜索引擎不同,谷歌使用反向链接(指向任何特定网页内容的链接页数)进行排名。 2009 年,谷歌已经是占据主导地位的搜索引擎,在美国拥有 65% 的市场份额。 大约在这个时候,它达到了迄今为止最大的里程碑之一——每天处理的搜索查询达到 10 亿个。 如今,谷歌每秒处理大约 4 万个搜索查询,每天大约 35 亿个,每年 1.2 万亿个。 2010 年 3 月 23 日,谷歌宣布关闭在中国大陆市场搜索服务。

(3)百度搜索引擎

百度搜索是全球最大的中文搜索引擎,2000 年 1 月创立于北京中关村。 2000 年 1 月,公司创始人李彦宏、徐勇携 120 万美元风险投资,从美国硅谷回国,在北京中关村创建了百度公司。 "百度"二字源于中国宋朝词人辛弃疾的《青玉案》诗句:"众里寻他千百度"。 创立之初,百度就将自己的目标定位于打造中国人自己的中文搜索引擎,并愿为此目标不懈努力奋斗。 2000 年 5 月,百度首次为门户网站——硅谷动力提供搜索技术服务,之后迅速占领中国搜索引擎市场,成为最主要的搜索技术提供商。2001 年 8 月,发布百度搜索引擎 Beta 版,从后台服务转向独立提供搜索服务,并且在中国首创了竞价排名商业模式,2001 年 10 月 22 日正式发布百度搜索引擎。 2005 年 8 月 5 日,百度在美国纳斯达克上市,成为 2005年全球资本市场上最为引人注目的上市公司,百度由此进入一个崭新的发展阶段。

百度搜索是以谷歌为蓝本开发的,通过多年努力,现在的百度搜索已经摆脱了当年谷歌的影子。 百度搜索以自身的核心技术"超链分析"为基础,提供的搜索服务体验赢得了广大用户的喜爱。 百度拥有全球最大的中文网页库,这些网页的数量每天正以千万级的速度在增长;同时,百度在中国各地分布的服务器,能直接从最近的服务器上,把所搜索信息返回给当地用户,使用户享受极快的搜索传输速度。百度每天处理来自 138 个国家超过数亿次的搜索请求,每天有超过 7 万用户将百度设为首页,用户通过百度搜索引擎可以搜到世界上最新最全的中文信息。2004 年起,"有问题,百度一下"在中国开始风行,百度成为搜索的代名词。"百度一下,你就知道"这句话几乎被每一位网民知晓,百度给网民的网络生活带来了很大的便利,因此百度又被称为"度娘"。

(4)必应

必应(Bing)是一款由微软公司于 2009 年 5 月 28 日推出的网络搜索引擎,前身为 Live Search。为符合中国用户使用习惯,Bing 中文品牌名为"必应"。作为全球领先的搜索引擎之一,截至 2013 年 5 月,必应已成为北美地区第二大搜索引擎,如加上为雅虎提供的搜索技术支持,必应已占据 29.3% 的市场份额。2013 年 10 月,微软在中国启用全新明黄色必应搜索标志并去除 Beta 标识,这使必应成为继 Windows、Office 和 Xbox 后的微软品牌第四个重要产品线,也标志着必应已不仅仅是一个搜索引擎,更深度地融入微软几乎所有的服务与产品中。在 Windows Phone 系统中,微软也深度整合了必应搜索,通过触摸搜索键引出,相比其他搜索引擎,界面也更加美观,整合信息也更加全面。

(5)360 搜索

2012 年 8 月 16 日,奇虎 360 推出综合搜索,360 拥有强大的用户群和流量入口资源,这对其他搜索引擎将极具竞争力,该服务初期采用二级域名,整合了百度搜索、谷歌搜索内容,可实现平台间的快速切换。360 搜索主要包括新闻搜索、网页搜索、微博搜索、视频搜索、MP3 搜索、图片搜索、地图搜索、问答搜索、购物搜索,通过互联网信息的及时获取和主动呈现,为广大用户提供实用和便利的搜索服务。

360 综合搜索实际上是提供一站式的实用工具综合查询入口,在国外,这类搜索被定义为"元搜索",是通过一个统一的用户界面帮助用户在多个搜索引擎中选择和利用合适的(甚至是同时利用若干个)搜索引擎来实现检索操作,是对分布于网络的多种检索工具的全局控制机制。 而360搜索+,属于全文搜索引擎,是奇虎360公司开发的基于机器学习技术的第三代搜索引擎,具备"自学习、自进化"能力和发现用户最需要的搜索结果。

2015年1月6日消息,360总裁齐向东向全体员工发送邮件,宣布360搜索将正式推出独立品牌"好搜",原域名可直接跳转至新域名。2016年2月,360再次宣布,将"好搜搜索"重新更名为"360搜索",域名也由"haosou.com"切换为更易输入的"so.com",回归360母品牌,意味着360搜索将继续依托360母品牌的基础,在安全、可信赖等方面,继续形成差异化优势。 360搜索是目前广泛应用的主流搜索引擎。

(6)搜狗

搜狗搜索是搜狐公司于2004年8月3日推出的全球首个第三代互动式中文搜索引擎。 搜狗搜索是中国领先的中文搜索引擎,致力于中文互联网信息的深度挖掘,帮助中国上亿网民加快信息获取速度,为用户创造价值。

搜狗搜索支持微信公众号和文章搜索、知乎搜索、英文搜索及翻译等,通过自主研发的人工智能算法为用户提供专业、精准、便捷的搜索服务。 搜狗的其他搜索产品各有特色。 音乐搜索小于2%的死链率,图片搜索独特的组图浏览功能,新闻搜索及时反映互联网热点事件的看热闹首页,地图搜索的全国无缝漫游功能,使得搜狗的搜索产品线极大地满足了用户的日常需求,体现了搜狗的研发。 2020年7月,与腾讯"联姻"七年的搜狗宣布,腾讯发布初步收购要约,收购搜狗剩余股份,搜狗由此并入腾讯版图。

27. 四大门户网站

(1) 网易

1997 年，丁磊在广州创办了网易。 2000 年网易在美国纳斯达克股票交易所挂牌上市，是中国一家主要的门户网站，和新浪网、搜狐网、腾讯网并称为"中国四大门户"。 网易在开发互联网应用、服务及其他技术方面始终保持国内业界的领先地位。 自 1997 年 6 月创立以来，凭借先进的技术和优质的服务，网易深受广大网民的欢迎，曾两次被中国互联网络信息中心（CNNIC）评选为中国十佳网站之首。 目前提供网络游戏、在线音乐、电子邮箱、电子商务、新闻、博客、搜索引擎、论坛、虚拟社区等服务。

(2) 搜狐

1998 年 2 月 15 日，国内第一家全中文的网上搜索引擎——搜狐（当时英文名为"sohoo"，效仿"yahoo"）成立。 1995 年 11 月 1 日，张朝阳博士从美国麻省理工学院回归祖国。 次年 8 月，依据风险投资创办搜狐的前身"爱特信信息技术有限公司"。 1998 年 2 月，爱特信推出搜狐，中国首家大型分类查询搜索引擎横空出世，搜狐品牌由此诞生。 "出门靠地图，上网找搜狐"，搜狐由此打开了中国网民通往互联网世界的神奇大门。 1999 年，搜狐推出新闻及内容频道，奠定了综合门户网站的雏形，开启了中国互联网门户时代。 凭借强大的竞争实力，搜狐现已发展成为拥有包括媒体、视频、社交、搜索、人工智能、游戏等诸多知名产品的超级互联网平台。

(3) 腾讯

腾讯于 1998 年 11 月在深圳成立，2003 年 11 月，推出综合门户网站腾讯网（www.qq.com）。 腾讯网是中国浏览量最大的中文门户网站，是腾讯公司推出的集新闻信息、互动社区、娱乐产品和基础服务为一体的大型综合门户网站。 腾讯网下设新闻、科技、财经、娱乐、体育、汽车、时尚等多个频道，充分满足用户对不同类型资讯的需求。同时专注不同领域内容，打造精品栏目，致力成为最具传播力和互动性，权威、主流、时尚的互联网媒体平台，通过强大的实时新闻和全面深入的信息资讯服务，为中国数以亿计的互联网用户提供富有创意的网上新生活。

(4)新浪

新浪是一家服务中国大陆及全球华人社区的中文网络内容服务提供商。由原四通利方公司和华渊资讯公司于1998年合并而成。新浪是中国的四大门户网站之一。它的创始人是王志东。和搜狐、网易、腾讯并称为"中国四大门户"。目前，新浪网已经成为下辖北京新浪、香港新浪、台北新浪、北美新浪等覆盖全球华人社区中文网站的全球最大中文门户。

新浪通过旗下五大业务主线为用户提供网络服务，这五大业务主线分别为提供网络新闻及内容服务的新浪网、提供移动增值服务的新浪无线、提供Web2.0服务及游戏的新浪互动社区、提供搜索及企业服务的新浪企业服务，以及提供网上购物服务的新浪电子商务。向广大用户提供包括地区性门户网站、移动增值服务、搜索引擎及目录索引、兴趣分类与社区建设型频道、免费及收费邮箱、微博、博客、影音流媒体、分类信息、收费服务、电子商务和企业电子解决方案等在内的一系列服务。

和雅虎一样，新浪是互联网先驱。因为迅速抓住PC时代到来的时机，新浪开启了网络新闻媒体的模式，铸就了门户时代的辉煌。但是，近年来由于社交媒体的崛起，让其互联网门户黯然失色，新浪曾经的光芒已经大大褪色。

四大门户网站一览表

门户网站	主要产品服务	创始人	成立时间
网易	网易内容频道、网易社区、电子商务、在线音乐、在线游戏、邮箱等	丁 磊	1997年6月
搜狐	搜狐新闻、搜狗输入法、搜狗搜索、搜狐视频、搜狐邮箱等	张朝阳	1998年2月
腾讯	新闻信息、互动社区、娱乐产品、基础服务等	马化腾	1998年11月
新浪	新浪新闻、无线增值服务、微博、博客、播客、邮箱、爱问搜索等	王志东	1998年12月

28. 门户网站分类

随着科技的不断发展,互联网行业在这个时代得到了发展的沃土,门户网站成为我们现在看到最多的字眼。门户网站是一种综合性的用户网站,主要有搜索、新闻这两个种类为主,根据不同的性质功能有不一样的分类,具体可分为如下几种:

(1)搜索引擎式门户网站

该类网站的主要功能就是能够提供大量用户搜索信息的网络服务以及各种相关服务。这类网站需要容量超大的服务器,能够同时储存大量的信息,并且能够承担大量用户同时在线搜索的压力。而且需要实时收集与更新信息,这对企业的要求比较高,因此这类网站在国内比较少见。

(2)综合性门户网站

该类门户网站一般是以新闻信息、娱乐资讯为主导的网站。这类网站是将一些新闻、行业导航等信息收集起来,在网站上供用户进行阅读而获取信息。当然,现在这类门户网站还出现了一些以招聘、产品等为主题的功能信息。

（3）地方性门户网站

这类网站是以当地为主，收集当地的各种信息集合在一起的一种网站。这类网站是时下最流行的，以本地资讯为主，一般来说该类网站包括：本地资讯、同城网购、分类信息、征婚交友、求职招聘、团购集采、口碑商家、上网导航、生活社区等频道，网内还包含电子图册、万年历、地图频道、音乐盒、在线影视、优惠券、打折信息、旅游信息、酒店信息等，具有实用性。

（4）个人门户网站

个人门户网站，就是以个人为中心的上网入口，还可以进一步延伸为个人信息中心。个人门户与平常我们所说的网易、搜狐、新浪等门户至少有如下两个方面的区别：①个性化。个人门户不是千篇一律的单调面孔，每个人可根据自己的爱好，定制不同的页面样式和内容。②参与性。个人门户的内容，可由每个人自主添加或编辑，而网易、搜狐、新浪等门户则是由网站决定内容。互联网的发展，已到了个性化的时代，所以，个人门户是互联网发展的必然趋势。

三、社交网络出现：社交历史的飞跃

人，作为一种社会性的动物群落，社交是我们每个人的需求，而互联网从一诞生开始，就大大方便了人与人之间的联络。我国社交网络发展经历了萌芽、起步和发展、全面流行三个阶段，并且随着互联网的发展，社交正在成为互联网应用发展的必备要素，且不再局限于信息传递，而是与沟通交流、商务交易类应用融合，并且借助其他应用的用户基础，形成更强大的关系链，从而实现了对信息的广泛、快速传播。互联网技术的进步带来了社交方式的不断改变，促进了人类社交的飞跃发展。

29.社交网络

社交网络即社交网络服务，英文全称为"Social Networking Service"，简称"SNS"。社交网络主要是为一群有共同爱好与活动的人创建社区服务，这类服务往往是基于互联网，为用户提供各种联系、交流的交互通路，为信息的交流与分享提供新的途径。

随着互联网进入 Web2.0 时代，以新浪微博、网络社区、推特（Twitter）和脸书（Facebook）为代表的社交网络得到飞速发展，信息的传播速度更快、影响范围更广，正在深刻改变着人们的思维方式、行为模式和社会形态。而 Facebook、Twitter 等的出现，真正把人们带入了社交网络时代。

国外社交网络的主要代表产品有 Facebook、Twitter 等，国内社交网络的主要代表有人人网、开心网、新浪微博等。无论是国外的 Facebook、Twitter 还是国内的人人网、开心网、新浪微博等，都拥有成千上万的忠实用户，并仍然处在快速成长中。我们生活中的一切，似乎都被"社交化"

了，网络交往成为了大多数人的必然选择。

30. 国外社交网站

（1）ClassMates

1995 年，Classmates.com 成立，它是一个在线校友录社交网站，旨在帮助曾经的幼儿园同学、小学同学、初中同学、高中同学、大学同学重新取得联系。 ClassMates 是校友录模式社交网站的鼻祖，也是美国第三大社交网站。 该网站汇集了美国、加拿大、法国、德国、瑞典等全部学校的资源名录，并且首创了校友录相册、班级留言、朋友圈等社交功能。

（2）Meetup

Meetup.com 于 2001 年在纽约成立，是一个提供社群活动的网站平台。每个人可以在网站上，依照自己的兴趣，去建立、组织、或加入特定的社群。然后再排定活动计划，让同属于某社群的人，在线下进行面对面交流、活动，让虚拟社群的互动落实，进而协助每位使用者认识有共同嗜好的朋友。

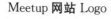

Meetup 网站 Logo

LinkedIn 网站 Logo

（3）LinkedIn

LinkedIn 是美国一家职业社交网站。 它于 2002 年 12 月创建，并于 2003 年启动，于 2011 年 5 月 20 日在美上市，总部位于美国加利福尼亚州山景城。 它主要用于专业网络。 网站的目的是让注册用户维护他们在商业交往中认识并信任的联系人，俗称"人脉"。 用户可以邀请他认识的人成为"关系"（Connections）圈的人。

2014 年 2 月 25 日，LinkedIn 简体中文版网站正式上线，并宣布中文名为"领英"。 领英中国宣布，由本土团队独立研发的基于真实身份的职场社交 APP —"赤兔"上线。 截至 2020 年 5 月，领英的用户总量已经达到 6.9 亿以上，在中国拥有超过 5000 万名用户。 它拥有英国、法国、德国、意大利、葡萄牙、西班牙、荷兰、瑞典、罗马尼亚、俄罗斯、土耳其、日本、捷克、波兰、韩国、印尼、马来等各国语言。

（4）MySpace

MySpace（聚友网）是一个以音乐为重心的社交网络服务网站。 它于 2003 年 8 月推出，总部位于加州比佛利山庄。 在 2012 年 6 月，它拥有 2500 万独立访问者。 2005 年 7 月，新闻集团（News Corporation）以 5.8 亿美元现金收购当时 MySpace 的母公司 Intermix Media，从而进入了网络新闻博客及网络社交领域，拥有了 MySpace 这个广受欢迎的 SNS 网站、"生活方式门户网站"。

MySpace **网站** Logo

从 2005 年到 2008 年初，聚友网是世界上浏览量最大的社交网站，并在 2006 年 6 月超越谷歌成为了美国访问量最大的网站。 在 2008 年 4 月，它被 Facebook 超越。 2008 年起，MySpace 的用户数量开始稳步下降。 在 2011 年 6 月，MySpace 被媒体和广告公司以 3500 万美元收购后默认放弃。

（5）Facebook

Facebook **网站** Logo

Facebook 成立于 2004 年，由马克·扎克伯格和爱德华多·萨维林联合创立，两位创始人均毕业于哈佛大学，并于大学二年级时创立 Facebook。 Facebook 是一个在线社交网站，名字来源于新学年开始的学生花名册。 2012 年 5 月 18 日，Facebook 正式在美国纳斯达克证券交易所上市。

Facebook 是全球领先的在线社交媒体和社交网络服务提供商。 其告别了点对点线性交流（书信、邮件）和交互式平面交流（计算机、手机）的形式，并帮助世界各地超过 19 亿人实现空间链接交流，并以照片和视频等形式分享自己的观点。 目前公司旗下有五大社交网络产品,分别为 Facebook、Instagram、Messenger、WhatsApp 及 Oculus。

Facebook 旗下的主要社交产品

社交产品	性质
Facebook	最早的分享型社交平台,具有分享照片、视频,参与直播,了解生活资讯等功能
Instagram	图片社交平台,"故事"功能使用户可将照片、短视频拼接成故事,并选择在 24 小时自动消失(阅后即焚)
Messenger	即时通讯应用,具备群聊、转账、通话、即时聊天功能,逐步铺展基础服务向平台化发展
WhatsApp	即时通讯应用,仅具有核心通话和聊天功能,界面简洁
Oculus	VR 设备厂商,提供全新通信平台,使社交趋向分享整个感受

(6)Flickr

Flickr 是一个图片存储和视频托管网站。在 2004 年 2 月,Ludicorp 公司建立了一个 Web 服务套件和在线社区(Flickr 前身),雅虎于 2005 年收购该网站。 Flickr 除了供用户储存个

Flickr 网站 Logo

人照片,它还可以把图片分享到博客和社交媒体。 Flickr 受到欢迎的原因是其创新的线上社群工具,能够将照片标上标签并且以此方式浏览。

(7)Tagged

Tagged 成立于 2004 年,总部位于美国加利福尼亚州的旧金山。 它是一个社交发现网站,即该网站鼓励用户认识拥有共同兴趣爱好的新朋友,还可以让用户找朋友、玩游戏、分享个性标签、赠送虚拟礼物。

(8)MeetMe

MeetMe 网站 Logo

MeetMe 是来自美国的一个社交网站,由两位高中生戴夫和凯瑟琳·库克和戴夫的哥哥杰夫在 2005年创立。 其总部位于宾夕法尼亚州新希望镇(New Hope, Pennsylvania)。 网站最初名

为"myYearbook",后于 2012 年 6 月改为"MeetMe"。 该网站的标语是
"结交新朋友的地方",每天都帮助来自世界各地的上百万人成为新
朋友。

(9)Twitter

Twitter,是美国一个在线社交网络服务和微博
服务的网站,由比兹·斯通(Biz Stone)、埃文·
威廉姆斯(Evan Williams)和杰克·多西(Jack
Dorsey)于 2006 年 3 月共同创建。 中文名为推
特,关于名字 Twitter 的来历,Twitter 是一种鸟叫
声,创始人认为鸟叫是短、频、快的,符合网站的
内涵,因此选择了 Twitter 为网站名称。

Twitter **网站** Logo

在最初阶段,这项服务只是用于向好友的手机发送文本信息。 "你在
干什么?"Twitter 的设计就是为了让用户可以随时随地发送消息来回答这
个问题,并提供了最便捷的方式——手机短消息。 你只需要用手机把消息
发到 Twitter 的号码,你的关注者(follower)就会收到你的消息。 在当时
手机短信(SMS)每条是有字数限制的,Twitter 的消息被设置为 140 个字
符。 这就是最早的 Twitter。 2006 年底,孵化过 Twitter 的 Obvious 公司
对服务进行了升级,用户无须输入自己的手机号码,就可以通过即时信息
服务和个性化 Twitter 网站接收和发送信息。

(10)VK

VK **网站** Logo

VK(原 VKontakte)最早是由创始人帕维尔·杜
罗夫在 2006 年 9 月刚刚从圣彼得堡国立大学毕业后创
立的,后来成为俄罗斯最流行的社交网站,该网站浏览
量仅次于 Facebook。 网站里拥有几种语言选项,在世
界各地讲俄语的用户特别受欢迎,尤其是在俄罗斯、乌
克兰、阿塞拜疆、哈萨克斯坦、摩尔多瓦、白俄罗斯、
以色列。 像其他的社交网站那样,该网站允许用户留言,其联系方式或公
开或私密;允许用户创建组、公共页面和活动;用户可分享和标记图像、

音频、视频；玩基于浏览器的游戏。

（11）Tumblr

Tumblr（汤博乐）成立于2007年，它的创始人为戴维·卡普。Tumblr是轻博客（microblogging）的一种，它允许用户发布简短的多媒体

tumblr.

Tumblr 网站 Logo

形式的博客内容，是全球最大的轻博客平台和社交网站之一，也是轻博客网站的始祖。

Tumblr 沿用了传统博客的形式，并将其演变成一种意识流式的琐碎叙述，日志短小精悍、触发点十分随意——可以是一张照片、一段视频、一节引言、一条链接甚至一个闪念。尽管 Tumblr 不是基于 Twitter 开发的（它是基于"Tumblelogs"开发的），然而 Twitter 的成功则为实现更多轻博客应用程序的发展提供了通途。Tumblr 实际上是介于 Twitter 和传统的全功能博客之间的服务，既注重表达，又注重社交，而且注重个性化设置。

（12）Ask.fm

Ask.fm 网站 Logo

Ask.fm 是一家拉脱维亚的免费个人问答社交网站，支持24种语言，用户可以在网站里向网友提出问题。该网站于2010年6月16日正式上线，之后很快风靡全世界。

用户可以在 Ask.fm 上建立一个开放的个人页面，其他用户都可以来这个页面进行提问。在提问时，是否启用匿名功能是可选择的，用户可以针对自己想回答的问题来予以回复，其他人也能看得到用户回答的内容，也就是说这是集合一个人的所有问答所产生的网页。

Ask.fm 还有一个特点是用户可以通过任何有摄像头的电脑直接录制一段视频回答上传，使用非常简单，录制视频回答按钮就在常规回答按钮的旁边。添加视频回答的功能是受到了 Chatroulette 热和 YouTube 热的启发，能够使回答变得更加私人化和富有感情色彩。

（13）Pinterest

Pinterest 由美国加州帕罗奥多的一个名为 Cold Brew Labs 的团队创办，于 2010 年正式上线。 Pinterest 是由本·希伯尔曼、保罗·夏拉和伊文·夏普创建的。 它堪称图片版的 Twitter，是世界上最大的图片社交分享网站。 Pinterest 采用的是瀑布流的形式展现图片内容，无须用户翻页，新的图片

Pinterest 网站 Logo

会不断自动加载在页面底端，让用户不断地发现新的图片。 网民可以将感兴趣的图片在 Pinterest 保存，其他网友可以关注，也可以转发图片。

（14）Google+

Google+ 网站 Logo

Google+ 是一个多语种的社交网络和身份服务网站。 它是由谷歌公司拥有和经营的，它有时也称为 Google Plus+。 谷歌在 2011 年 6 月推出 Google+，希望能与 Facebook、Twitter 等线上社群服务一争高下，并推出 "Circles" 功能，让用户创建不同话题社交圈，并加入支持多人线上视频聊天的 Google Hangouts 等功能。 社交圈是 Google+ 最重要的一个功能，使用者可以选择和组织联络人，分成群，让分享优化。

虽然，Google+ 一度超越 Twitter 成为全球第二大线上社群服务，但是 Google+ 却因为用户交互率低、Google 曾强制要求仅有 Gmail（Gmail 是 Google 的免费网络邮件服务）用户可开通 Google+ 服务，加上曾隐瞒造成数十万名用户隐私外泄等漏洞问题，使得 Google+ 逐渐被市场淘汰。 2019 年 4 月 2 日，谷歌正式关闭个人版 Google+，同时也规划由 Currents 取代原本 Google+ 提供的服务，这其中也有避开使用 Google+ 服务名称，借此降低用户疑虑的用意。

31. 社交产品类型

(1) 即时聊天

即时聊天是指通过特定软件来和网络上的其他同类用户就某些共同感兴趣的话题进行讨论,通过软件来实现。 即时聊天软件是可以在两名或多名用户之间传递即时消息的网络软件,使用者发出的每一句话都会即时显示在双方的屏幕上。 Skype、QQ、Facebook、微信等是典型代表。

(2) 社交网站

社交网站的主要目标是通过搭建用户之间的关系,从而产生信息内容形成信息流。 这些信息流可以激发用户最大的互动性。 社交网站的一个显著特点是在扩展人际关系和维护人际关系上,注重增强相关的体验感,凸显用户的交流。 比较典型的社交网站有人人网、Facebook 等。

(3) 社区网站

社区,就是同一地、同一地区或同一国的人所构成的社会。 社区网站就是同一个社区的人们的网上交流平台,通俗地讲,社区网站可以理解为一个在网络上的小社会。 在社区网站里,不同的人围绕同一主题引发的讨论,注重内容所以匿名居多,不需要强行使用实名,只需要内容足够就可以,在人际关系方面没有太强的工具应用,只是需要关注和被关注,以及发表内容和讨论就行了,如天涯社区。

(4) 网络直播

在全民直播的浪潮下,直播从小众行为转变为一个大众行为,成为人们分享交流的新方式。 近来,吃饭、跑步、拜年等寻常的生活方式逐渐被搬到视频直播平台上。 网络直播是一种更直观、互动性更强的社交方式,这是社交平台对网络直播如此热衷的根本原因。 移动直播强调实时沟通和互动,具有更强的社交属性。 社交平台对于视频直播的布局逐渐完整。社交巨头 Facebook 就宣布向全体用户开放直播功能,Twitter 也收购了流媒体直播应用 Periscope,直播俨然已经成为社交平台的标配功能。 目前较为著名的网络直播有国外的 twitch；国内的斗鱼、虎牙、YY 等。

（5）短视频

短视频社交平台是指基于社交属性建立的视频内容平台，标配是"支持自拍作品发布，基于个体（账号）展示内容"。移动互联网和智能终端的普及催生了越来越多的短视频社交平台。短视频社交平台的兴起大致有五个方面的原因：一是提供便利即时的操作需求，二是适应人们碎片化的阅读习惯，三是满足人们对个性影像的需求，四是社交媒体发展的推动，五是全民娱乐的产物。目前较为著名的短视频 APP 有抖音、快手等。

32.婚恋交友网站

随着互联网的发展，移动端的崛起，国内互联网婚恋社交市场迎来了新的机遇，在婚恋交友网站中，耳熟能详的是世纪佳缘、百合网、珍爱网。这三家公司中，世纪佳缘上线最早，创立于 2003 年，而百合网和珍爱网是 2005 年上线的网站。

（1）世纪佳缘

世纪佳缘创立于 2003 年，是垂直型网站，属于社交网络的细分市场。世纪佳缘是一个严肃的婚恋网站，通过互联网平台和线下会员见面活动为中国大陆、香港、澳门、台湾及世界其他国家和地区的单身人士提供婚恋交友服务。2011 年 5 月 11 日晚，世纪佳缘在美国的纳斯达克上市，2015 年 12 月 7 日，世纪佳缘与百合网合并。

（2）百合网

百合网上线时间为 2005 年 5 月，由创业家田范江、好友钱江、好友慕岩创办的在线婚恋交友网站。创始人认为 2003 年以后随着网吧的高速普及，带动腾讯 QQ 及各种聊天社区高速发展，相关的具体社交应用也在慢慢进入萌芽状态，交友还是具有比较好的市场前景。在综合了对国内外交友网站的考量后，最终田范江、钱江、慕岩三人确立了做交友网站的大方向。

（3）珍爱网

珍爱网正式成立于 2005 年，是一家著名的婚恋品牌网站。 它的前身是中国交友中心，由原美国投资银行摩根士丹利职业经理人、留美博士李松和原美国戴尔公司职业经理人陈思创办经营，2005 年正式更名为珍爱网。

33. 即时通信

即时通信（Instant messaging，简称 IM），是一种允许两人或多人使用网络即时地传递文字信息、语音或者视频从而进行交流的实时通信服务。 通过即时通信功能，你可以知道你的亲友是否正在线上，并与他们进行即时通信。

即时通信比传送电子邮件所需时间更短，而且比拨电话更方便，无疑是互联网时代最方便的通信方式。 常见的即时通信软件有 MSN Messenger、QQ、微信、Yahoo Messenger、Skype、百度 HI（后改为"如流"）、新浪 UC、钉钉等。 下面我们主要介绍 MSN Messenger、QQ、微信这三种最常用的即时通信软件。

（1）MSN Messenger

MSN 全称为"Microsoft Service Network"，是"微软网络服务"的意思。 MSN 是微软公司（Microsoft）旗下的门户网站。 1995 年 8 月 24 日基于微软之上，美国 MSN 网络在线服务正式开张，在 1999 年 7 月 22 日 MSN 引入 MSN Messenger 服务。

MSN Messenger 是微软公司推出的一款即时通信软件，可以与亲人、朋友、工作伙伴进行文字聊天、语音对话、视频会议等即时交流，其最大特点是界面简洁。 2014 年 10 月 31 日，MSN Messenger 正式退出中国市场，由 Skype 取而代之。

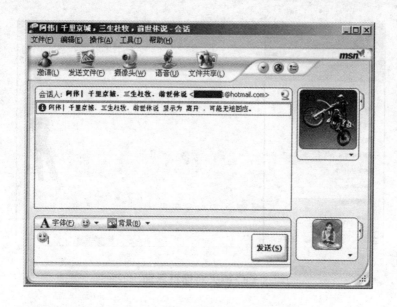

MSN Messenger 聊天对话框界面

（2）QQ

QQ 是 1999 年 2 月由腾讯自主开发的基于 Internet 的即时通信工具——腾讯即时通信（Tencent Instant Messenger），简称 TM 或腾讯 QQ。QQ 自问世以来，已成为人们日常工作、生活、学习的重要交流工具。QQ 软件凭借其界面生动而又简单易懂、操作便捷等特点，备受社会各界人士的推崇和喜爱。

QQ 的标志是一只戴着红色围巾的小企鹅。目前，QQ 已经覆盖了 Microsoft Windows、macOS、Android、iOS、Windows Phone、Linux 等多种主流平台。腾讯 QQ 支持在线聊天、视频通话、点对点断点续传文件、共享文件、网络硬盘、自定义面板、QQ 邮箱等多种功能，并可与多种通信终端相连。

2018 年 3 月 20 日，QQ 团队对 QQ 账号注销功能的灰度测试。2019 年 3 月 13 日起，QQ 号码可注销。2019 年 4 月 13 日，腾讯 QQ 正式推送了 iOS 版的 v8.0 版本更新，将全新的操作界面带给了正式版用户。

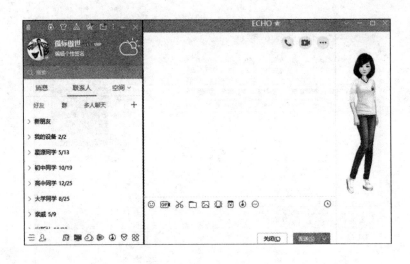

QQ聊天对话框界面

（3）微信

近年来随着科技的飞速发展,新时代背景下新媒体越来越受到人们的关注,成为人们日常生活的一部分。 所谓新媒体是指在网络技术的支持下发展出来的新的信息传播方式。 作为一种新兴的网络聊天方式,微信无疑是近几年流行的一种信息传播形式。

微信（WeChat）是腾讯公司于2011年1月21日推出的一个为智能终端提供即时通信服务的免费应用程序,微信支持跨通信运营商、跨操作系统平台通过网络快速发送免费（需消耗少量网络流量）语音短信、视频、图片和文字,同时,也可以使用通过共享流媒体内容的资料和基于位置的社交插件"摇一摇""朋友圈""公众平台""视频号"等服务插件进行沟通交流。

在经济和科技水平不断发展的今天,微信传播作为一种迅速发展的新型的传播方式给个人和企业的发展带来了巨大的变化。 一方面促进了个人交际能力的提高,扩大了个人交际圈;另一方面给企业产品营销带来了新的形式,为企业的产品销售带来了更多优势。

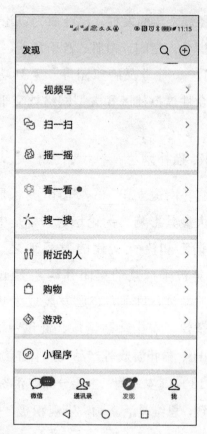

微信界面

34. 天涯社区

1999 年 3 月，天涯虚拟社区诞生，开办了股票论坛、天涯杂谈，电脑技术、情感天地、艺文漫笔（后改名为舞文弄墨）、新闻众评、体育聚焦、书虫茶社（后改名为闲闲书话）、旅游休闲、海南发展、天涯互

天涯社区 Logo

助等栏目。 天涯社区，是一个在全球具有影响力的网络社区，自创立以来，以其开放、包容、充满人文关怀的特色受到了全球华人网民的推

崇，经过十年的发展，已经成为以论坛、博客、微博为基础交流方式，综合提供个人空间、相册、音乐盒子、分类信息、站内消息、虚拟商店、来吧、问答、企业品牌家园等一系列功能服务，并成为以人文情感为核心的综合性虚拟社区和大型网络社交平台。

35. 猫扑网

猫扑网成立于 1997 年 10 月，是国内最大最具影响力的论坛之一，是中国网络词汇和流行文化的发源地之一，2004 年被千橡互动集团并购。经过十余年的发展，目前，它已发展成为集猫扑大杂烩、猫扑贴贴论坛、资讯中心、

猫扑网 Logo

猫扑 Hi、猫扑游戏等产品为一体的综合性网络社区。猫扑网主要活跃人群在 18—35 岁之间，主要分布在消费能力比较高的经济发达地区，他们激情新锐，思维灵活新颖，乐观积极，张扬个性，追求自我，是新一代娱乐互动门户的核心人群。

36. 西祠胡同

1998 年初春，青年教师刘琥利用业余时间，在家开发出西祠胡同原型。1998 年 4 月 14 日，西祠胡同正式开站。它是国内首创的网友"自行开版、自行管理、自行发展"的开放式社区平台，用户自行创建讨论版、自行管理、自行发展，自由发表信息、沟通交流。此开放模式体现了互联网的自由和自律精神，且快捷、便利、易于掌握，因此深得用户好评。

西祠用户遍布全国及境外，积累了各年龄层次、不同地区、不同行业、不同兴趣爱好的大量忠实网友，用户群横跨学生、都市白领、记者、

编辑、作家、艺术家、教师、自由职业者、商人、党政机关工作人员、公司高层人士、退休老人等。 2001 年的"911 事件"引发西祠网友大讨论，创下单个版块在线千人的历史记录。 2015 年 3 月，西祠胡同被之前的收购方——艺龙旅行以 7650 万元价格转让。

西祠胡同界面

37. 百度贴吧

　　贴吧是一种基于关键词的主题交流社区，它与搜索引擎紧密结合，准确把握用户需求，为兴趣而生。 一般来说，贴吧常指百度贴吧，它是百度旗下的一个独立品牌。 百度贴吧是以兴趣主题聚合志同道合者的互动平台，拥有着同样爱好的网友聚集在这里交流话题、展示自我、结交朋友。

　　贴吧的创意来自于百度首席执行官李彦宏的一个想法，即结合搜索引擎建立一个在线的交流平台，把那些对同一个话题感兴趣的人们聚集在一起，方便地展开交流和互相帮助。 百度贴吧目录涵盖社会、地区、生活、教育、娱乐明星、游戏、体育、企业等多个方面，不仅是一个多功能的大众化社交平台，还是全球最大的中文社区。 它为人们提供了一个表达和交流思想的自由网络空间。

百度贴吧界面

38. 知乎

2011 年左右，社交问答网站在我国迅速崛起，知乎作为社交问答网站中的佼佼者，最初是采用邀请制注册方式，后于 2010 年 12 月开放。作为网络问答社区的知乎，连接着各行各业的用户。用户彼此分享着各自的知识、经验和见解，为互联网源源不断地提供多种多样的信息。

知乎界面

其实，知乎更像这样的一个论坛：用户围绕着某一感兴趣的话题进行相关的讨论，同时可以关注兴趣一致的人。 基于某个问题进行发散思维的整合，是知乎的一大特色。 在知乎上，有很多优质的内容，一群人会就一个问题给出正反两种观点的答案，这样的答案，对于一个进行理性思考的人来说，是很有价值的。

39. 虎扑

虎扑是广大球迷们的天堂，是 PC 时代的体育专业论坛。 虎扑的创始人程杭是一位资深篮球迷，2004 年，学精密仪器的他，花 260 美元租了一个服务器，办了一个名为"虎扑中国"的论坛，旨在为国内网友带来最新的 NBA 资讯，虎扑就此诞生了。 如今，16 年过去了，虎扑已经成为访问量较高的中文体育网站之一。 16 年中，虎扑换过三次 Logo，从最早的"虎扑中国"到"虎扑体育"，再到"虎扑"。

虎扑网站

虎扑创始人程杭曾说过："目前虎扑用户男性占比 90% 以上，除了体育，男性们也热爱电影，喜好讨论八卦，但是在微博、豆瓣等阵地，男性们的声量相对较弱,我们目标是为广大男性提供一个专属化、有参考性的平台。"虎扑 Logo 更新的背后,是其业务的迭代。 从专注篮球报道,到覆盖足球、赛车等全体育报道,再到涉猎电竞、影视等版块,如今虎扑已不再是一个垂直的体育社区,准确来说它更像一个泛男性化的内容社区。由此来看,虎扑的发展也契合了创始人程杭拓展其他内容版块的初衷。

40. 新浪博客

博客就是在网络上发布和阅读的流水记录,通常称为"网络日志",简称为"网志"。 新浪博客是中国门户网站之一新浪网的网络日志频道,新浪网博客频道是全国最主流,人气颇高的博客频道之一。 拥有娱乐明星博客、知性的名人博客、动人的情感博客,自我的草根博客等。

2005 年余秋雨、余华、张靓颖、郭敬明等社会知名人士陆续在新浪博客落户,博客作为灵光一现的思想片段记录,满足了网民便利地宣讲自己观点的需要,从"少数人写给少数人看"的小众走向"多数人写给多数人看"的大众,当年被业内人士称作中国的"博客元年"。

新浪博客界面

41. 豆瓣

豆瓣是文艺青年的聚集地,由杨勃于 2005 年 3 月 6 日创立。 豆瓣最初的程序大半是杨勃在北京朝阳区豆瓣胡同附近的星巴克完成的，故以此命名。 它是一个由用户提供关于书籍、电影、音乐等作品的信息、描述与评论的社区网站。 豆瓣以书影音起家，以书评和影评为特色，无论描述还是评论都由用户提供，是 Web2.0 网站中别具特色的一个网站。

豆瓣虽然从表面上来看是一个评论（书评、影评、乐评）网站，但实际上它还提供书影音推荐、线下同城活动、小组话题交流等多种服务功能，它更像一个集品味系统（读书、电影、音乐）、表达系统（我读、我看、我听）和交流系统（同城、小组、友邻）于一体的创新网络服务，也可以理解为一个集博客、交友、小组、收藏于一体的新型社区网络。

豆瓣上线的产品

豆瓣产品	上线时间	提供服务
豆瓣读书	2005 年	提供全面、且精细化的读书服务
豆瓣小组	2005 年	对同一个话题感兴趣的人的聚集地
豆瓣电影	2005 年	电影分享与评论
豆瓣音乐	2005 年	音乐分享、评论、音乐人推广
豆瓣同城	2008 年	线下活动信息发布
豆瓣 FM	2009 年	提供公共、私人和红心三种收听方式
豆瓣阅读	2012 年	提供数字阅读服务

42. 人人网

人人网的前身是校内网，校内网创办于 2005 年 12 月，创办人是来自清华大学和天津大学的王兴、王慧文、赖斌强和唐阳等几位大学生，校内网于 2006 年 10 月被千橡互动集团收购。 2006 年年底，千橡互动旗下的 5Q 校园网与校内网的合并完成。 2009 年 8 月 4 日，校内网改称人人网。

人人网给不同身份的人提供了一个互动交流的平台，提高了用户之间的交流效率，通过提供发布日志、保存相册、音乐视频等站内外资源分享等功能，搭建了一个功能丰富高效的用户交流互动平台。

人人网的标志

43. 开心网

开心网是由程炳皓在 2008 年 3 月创立的，这是国内第一家以办公室白领用户群体为主的社交网站。开心网为广大用户提供包括日记、相册、动态记录、转帖、社交游戏在内的丰富易用的社交工具，使其与家人、朋友、同学、同事在轻松互动中保持更加紧密的联系。

2009 年 2 月，开心网"买房子"应用正式推出"花园"，"偷菜"自此风靡一时。半夜"偷菜、偷羊毛、偷鹅蛋、偷花草""抢车位""卖钱"成为了一种大众时尚。中国网民日渐强烈的社交意愿与互联网的幽默包容，见证了一种文化通过网络传播的惊人速度。

开心网的"偷菜"应用

44. YY 直播

YY 直播隶属于欢聚时代 YY 的娱乐事业部，最早建立在一款强大的富集通信工具——YY 语音的平台基础上。随着网络直播的兴起，YY 也推出了自己的直播功能，YY 直播是国内网络视频直播行业的奠基者。目前 YY 直播是一个包含音乐、科技、户外、体育、游戏等内容在内的国内最大全民娱乐直播平台。

YY 直播一直以来注重用户原创力的充分释放，演唱、游戏、聊天、DJ、说书等表演形式均有其固定的参与者和粉丝；从 2015 年开始，YY 直播也开始大力生产内容，诞生了一系列的直播节目，像《大牌玩唱会》《怪咖来撩》《世界百大 DJ 秀》《九宫举》，等等。

YY 直播的标志

45. 哔哩哔哩

哔哩哔哩简称 B 站，于 2009 年 6 月 26 日创建，现为中国年轻一代高度聚集的文化社区和视频平台。目前拥有动画、番剧、国创、音乐、舞蹈、游戏、科技、生活、娱乐、鬼畜、时尚、放映厅等多个内容分区。生活、娱乐、游戏、动漫、科技是 B 站主要的内容品类，并开设直播、游戏中心、周边等业务板块。

B 站的特色是悬浮于视频上方的实时评论功能，爱好者称其为"弹幕"，这种独特的视频体验让基于互联网的弹幕能够超越时空限制，构建出一种奇妙的共时性的关系，形成一种虚拟的部落式观影氛围，让 B 站成为了极具互动分享和二次创造的文化社区。 B 站目前也是众多网络热门词汇的发源地之一。

哔哩哔哩界面

46.新浪微博

微博是指一种基于用户关系和关注机制而进行的信息实时分享、传播以及获取的广播式社交媒体、网络平台。 用户可以通过 PC 端、移动端、客户端,以文字、图片、视频等多媒体形式,实现信息的即时分享、传播互动。

2009 年 8 月,新浪网推出了提供微型博客服务的"新浪微博"内测版,成为门户网站中第一家提供微博服务的网站。 在推广策略上,新浪微博以名人效应拉动。 用户可以通过网页等发布文字、图片和链接视频,实现即时分享。 因此,新浪微博是一个实时信息分享社区。 此外微博还包括腾讯微博,网易微博,搜狐微博等。 但如若没有特别说明,微博默认指新浪微博。

2010 年 5 月 29 日,华侨大学报主编赵小波发了一条新浪微博,测试其能走多远,他欢迎有兴趣的网民转发并标明所在地。 经过 13 小时 23 分,该条微博转发数突破了 1.6 万条,除中国外,还传播到了美、澳、英、

韩、日等十余个国家和地区。 微博一时间成为传播最快、最广的网络
平台。

这次由草根网友发起的"新浪微博之旅",集合了新浪遍布于世界各
地的网友力量,再次证明了新浪微博作为一个最具影响力的社会化媒体平
台的强大影响力和传播速度,同时,依托新浪网这个服务全球华人的国际
性品牌,新浪微博联结起全国乃至全世界的华人网友,并日渐成为全球华
人了解信息,交流新思想和新生事物的沟通互动平台。

新浪微博界面

47. 果壳网

果壳网成立于 2010 年,是一个开放、多元的泛科学文化社区,旗下品
牌有在行一点、饭团、吃货研究所、十五言等。 果壳网创始人姬十三说,
自己是一只敲开坚果外壳的"松鼠"。 这个"坚果"是科学知识,但它的
外壳有点"硬",普通人吃起来有点困难。 而姬十三的梦想是敲开科学的
"外壳",带公众品尝"果仁"的美味,让科学流行起来。

果壳网秉承着"用知识创造价值,为生活添加智趣"的理念,吸引了
大批对世界充满好奇心,乐于接受新知识、新观念,愿意让科技进入生
活、追求品质的科技"新青年"。 他们在这里可以关注感兴趣的人,阅读
其他人的推荐,也可以将有意思的内容分享给关注的人;依据兴趣关注不

同的小组，精准阅读喜欢的内容，并与网友交流；在"在行一点"里提出令自己困惑的问题，或提供靠谱的答案。

果壳网界面

四、电子商务:引领经济发展的新引擎

21世纪是属于信息的时代,计算机网络和信息技术在人们的日常生活和工作中扮演着越来越重要的角色。 伴随而来的是电子商务的高速发展,近年来我国已成为电子商务规模最大、发展最快的国家之一。 毫不夸张地说,电子商务极大地推动了我国经济的发展,带动了我国各行各业的新一轮大变革。 电子商务的双向信息沟通、灵活的交易手段和快速的交货方式的特点,给社会带来了巨大的经济效益,促进了整个社会生产力的提高,成为了引领我国经济发展的新引擎。

48. 电子支付

电子支付是指电子交易的当事人包括消费者、商家和金融机构,以商用电子化设备和各类交易卡为媒介,借助计算机技术和通信技术,把支付信息通过信息网络安全地传送到银行或相应的处理机构,用来实现货币支付或资金流转的行为。 常见的网上支付工具有:电子现金、信用卡、电子钱包、电子支票等。

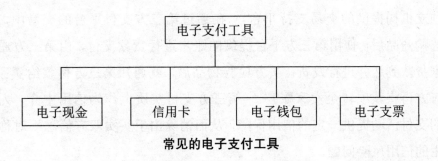

常见的电子支付工具

49.网上银行

网上银行又称网络银行或在线银行,是指银行利用 Internet 技术,通过 Internet 向客户提供开户、销户、查询、对账、行内转账、跨行转账、信贷、网上证券、投资理财等传统服务项目,使客户可以足不出户就能够安全便捷地管理活期和定期存款、支票、信用卡及个人投资等。 可以说,网上银行就是在 Internet 上的虚拟银行柜台。

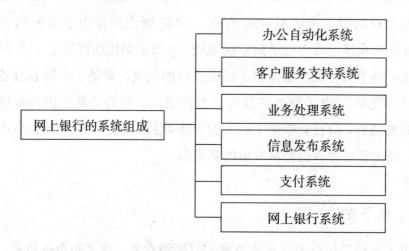

网上银行的系统组成

办公自动化系统

客户服务支持系统

业务处理系统

信息发布系统

支付系统

网上银行系统

网上银行的系统组成

50.第三方支付

所谓第三方支付是指与银行签约、并具备一定实力和信誉保障的第三方独立机构提供的交易支持平台。 在通过第三方支付平台的交易中,买方选购商品后,使用第三方平台提供的账户进行货款支付,由第三方通知卖家货款到达并进行发货;买方检验物品后,就通知第三方付款给卖家,第三方再将款项转至卖家账户。 第三方支付实质上作为信用中介,为交易的支付活动提供一定的信用保障,从而消除由于买卖双方信息不对称而产生的信用风险问题。

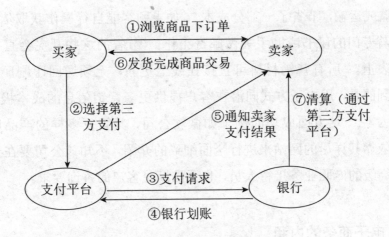

第三方支付平台流程

我国国内的第三方支付产品有支付宝、微信支付、百度钱包、PayPal、中汇支付、拉卡拉、财付通、融宝、盛付通、腾付通、通联支付、易宝支付、随行付支付、中汇宝、快钱、国付宝、物流宝、网易宝、网银在线、环迅支付 IPS、汇付天下、汇聚支付、宝易互通、宝付、乐富等。我们在日常生活中常用的第三方安全支付平台主要是支付宝以及微信支付。

51. 网上营销优势

网上营销与传统营销方式相比存在很大的优势,对那些朝着新型经济转变的企业来说,网上营销能帮助它们改进销售模式从而快速获得收益。网上营销缩短了企业与消费者之间的时间距离和空间距离,越来越多的消费者转变了传统的消费观念,在网上搜索商品信息,对比商品的价格,然后购买,这给企业带来了巨大的商机。许多具有开拓精神的企业都将网上营销纳入了日常运作中。

在网上营销中,商家直接面向客户,提供详尽的产品信息或服务介绍,方便客户的信息索取,极大地节省业务接待、咨询和回应的负担和费用。产品目录、公司简介和产品规格说明书电子化之后,便无须打印、包装、存储或运输，节省了一部分成本。如果顾客能自行操作获取信息，也就用不着专门的秘书或助手去做邮寄工作。节省的这些开支会直接反映在收益表上。所有营销材料可直接在线上更新，无须送回印刷厂修改。还应看到的是，用电子方式向潜在客户提供更多营销信息的成本极低，有时几乎为零。这方面成功的例子如微软公司，其繁复多样的产品序列如果不是依靠其详尽的网站来进行全面细致的介绍，不知该公司要在全球配备多少高级的专职业务接待人员，也无法满足客户的咨询要求。

52.电子商务的内涵

众所周知，电子商务是网络化的新型经济活动，关于电子商务的定义，联合经济合作和发展组织（OECD）、美国政府的《全球电子商务纲要》、加拿大电子商务协会、全球信息基础设施委员会（GIIC）电子商务工作组都对其进行了论述。

联合经济合作和发展组织指出：电子商务是发生在开放网络上的包含企业之间、企业和消费者之间的商业交易。美国政府的《全球电子商务纲要》认为电子商务是指通过 Internet 进行各项商务活动，包括广告、交易、支付、服务等活动。加拿大电子商务协会提出，电子商务是通过数字通信进行商品和服务的买卖以及资金的转移，它还包括公司间和公司内利用电子邮件、电子数据交换（EDI）、文件传输、传真、电视会议、远程计算机联网所能实现的全部功能。全球信息基础设施委员会（GIIC）电子商务工作组给电子商务下了这样的定义：电子商务是运用电子通信作为手段的经济活动，通过这种方式人们可以对带有经济价值的产品和服务进行宣传、购买和结算。

由此看出，电子商务有狭义与广义之分。狭义上的电商指实现贸易过程中各阶段贸易活动的电子化。广义上的电商指利用网络实现所有商务活动业务流程的电子化。前者集中在互联网的电子交易，强调企业利用电子网络（借助现代信息技术手段）进行的商务活动，包括商品和服务交易的全过程。后者则把涵盖范围扩大了很多，指企业利用各种电子工具从事商务活动。

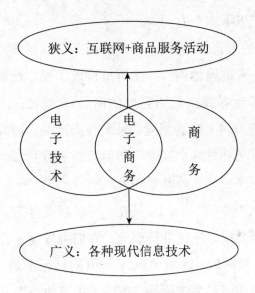

狭义：互联网+商品服务活动

电子技术　电子商务　商务

广义：各种现代信息技术

电子商务的内涵

从狭义到广义，电商是一个不断发展的概念。其中，最初的狭义电商就是由电子商务的先驱 IBM 公司于 1996 年最先提出 Electronic Commerce 的概念，到了 1997 年，IBM 公司又提出了 Electronic Business 这一广义的电商概念。我国在引进这些概念的时候都将它翻译成了电子商务。电子商务通常是指在全球各地广泛的商业贸易活动中，在因特网开放的网络环境下，基于浏览器/服务器开放的方式，买卖双方不谋面而进行各种商贸活动，实现消费者的网上购物，商户之间的网上交易和在线电子支付以及各种商务活动、交易活动、金融活动和相关的综合服务活动的一种新型的商业模式。电子商务是利用微电脑技术和网络通信技术的一种新型的商务活动。

53. 电子商务的影响

随着电子商务魅力的日渐显露，虚拟企业、虚拟银行、网络营销、网上购物、网上支付、网络广告等一大批前所未闻的新词汇为人们所熟悉和认同，这些词汇同时也从另一个侧面反映了电子商务对社会和经济产生的影响，主要体现在以下六个方面。

（1）商务活动的方式被改变。 传统的商务活动最典型的情景就是"推销员满天飞""采购员遍地跑"，推销员说破了嘴、跑断了腿，消费者却在商场中筋疲力尽地寻找自己所需要的商品。 现在，消费者通过互联网就能轻而易举地进入网上商场浏览、采购各类产品，而且还能得到在线服务；商家们可以在网上与客户联系，利用网络进行货款结算服务；政府还可以方便地进行电子招标、政府采购等。

（2）人们的消费方式被改变。 现在，不仅仅是年轻人，网络上的消费群体囊括了各个年龄段，各种身份职业，人们可以足不出户就可以买到自己想要的东西，打破时间、地域的限制。 网购已经不是一种新鲜的事情，它已经渗透到我们生活的方方面面，改变了传统的消费方式。

（3）企业的生产方式被改变。 电子商务作为一种快捷、方便的购物手段，消费者的个性化、特殊化需要完全可以通过网络展示在生产厂商面前，为了取悦顾客，突出产品的设计风格，制造业中的许多企业纷纷发展和普及电子商务，如美国福特汽车公司在1998年的3月份将分布在全世界的12万个电脑工作站与公司的内部网连接起来，并将全世界的1.5万个经销商纳入内部网。 福特公司的最终目的是实现能够按照用户的不同要求，做到按需供应汽车。

（4）传统行业受到了激烈冲击。 电子商务是在商务活动的全过程中，通过人与电子通讯方式的结合，极大地提高商务活动的效率，减少不必要的中间环节，传统的制造业借此进入小批量、多品种的时代，"零库存"成为可能；传统的零售业和批发业开创了"无店铺""网上营销"的新模式；各种线上服务为传统服务业提供了全新的服务方式。

（5）一个全新的金融业诞生。 由于在线电子支付是电子商务的关键环节，也是电子商务得以顺利发展的基础条件，随着电子商务在电子交易环节上的突破,网上银行、银行卡支付网络、银行电子支付系统以及电子支票、电子现金等服务,将传统的金融业带入一个全新的领域。 1995 年 10 月,全球第一家网上银行"安全第一网络银行"(Security First Network Bank)在美国诞生,这家银行没有建筑物,没有地址,营业厅就是首页画面,员工只有 10 个人,与总资产超过 2000 亿美元的美国花旗银行相比,"安全第一网络银行"简直是微不足道,但与花旗银行不同的是,该银行所有交易都通过互联网进行,成立伊始,其存款金额就达到 1400 万美元。

(6)政府的行为被转变。 政府承担着大量的社会、经济、文化的管理和服务的功能,尤其作为"看得见的手",在调节市场经济运行,防止市场失灵带来的不足方面起着很大的作用。 在电子商务时代,当企业应用电子商务进行生产经营,银行是金融电子化,以及消费者实现网上消费的同时,将同样对政府管理行为提出新的要求,电子政府或称网上政府,将随着电子商务发展而成为一个重要的社会角色。

总而言之,电子商务不仅影响到我们的经济、企业管理,政府行为,同时也改变了我们的生活、工作和学习,使人类进入了全新的生活体验中。 作为一种商务活动过程,电子商务带来了一场史无前例的革命,其对社会经济的影响远远超过电子商务的本身。

54. B2B 电子商务

B2B 英文全称为"business to business",是指企业对企业之间的营销关系,例如阿里巴巴、慧聪网等都属于这种模式。 B2B 是一种企业之间的电子商务,进行电子商务交易的供需双方都是商家(或企业、公司),并使用互联网的技术或各种商务网络平台,完成商务交易的过程。 近年来 B2B 发展势头迅猛,趋于成熟。

B2B 网站的组成

构成要素	主要目的	代表网站
买卖	为消费者提供物美价廉的商品,吸引消费者购买的同时促使更多商家的入驻	阿里巴巴 慧聪网 中国制造网 中国供应商 马可波罗 华商资源 顶点采购 华企网 新时代资讯网
合作	与物流公司建立合作关系,为消费者的购买行为提供终极保障	
服务	物流主要是为消费者提供购买服务,进而实现再一次的交易	

55. B2C 电子商务

B2C 英文全称为 "business to customer",而其中文简称为 "商对客"。 "商对客" 是电子商务的一种模式,也就是我们通常所说的商业零售,直接面向消费者销售产品和服务。 这种形式的电子商务一般以网络零售业为主,主要借助于互联网开展在线销售活动。 即企业通过互联网为消费者提供一个新型的购物环境——网上商店,消费者通过网络在网上购物、在网上支付。 B2C 电子商务是按照电子商务的交易对象分类的,例如亚马逊、当当、凡客等都属于这种模式。

B2C 网站的组成

组成部分	主要目的	代表网站
商场网站	为消费者提供在线购物场所	京东 天猫 凡客
配送系统	负责配送消费者所购商品	
银行及认证系统	负责确认顾客身份及结算货款	

56. C2C 电子商务

C2C 英文全称为 "customer to customer",即个人对个人。 C2C 电子

商务是按照电子商务的交易对象分类的，是指消费者与消费者之间的电子商务模式。C2C 是个人与个人之间的交易，盈利模式包括交易提成、广告收入、首页黄金铺位推荐费、网站提供增值服务。例如 ebay、淘宝、拍拍、易趣等都属于 C2C 的电子商务模式。

57. O2O 电子商务

O2O 英文全称为"online to offline"，即线上线下。O2O 电子商务是将线下商务的机会与互联网结合在了一起，让互联网成为线下交易的前台。该模式最重要的特点是：推广效果可查，每笔交易可跟踪。O2O 营销模式的核心是在线预付，将线下商品及服务进行展示，并提供在线支付"预约消费"。在线支付不仅是支付本身的完成，是某次消费得以最终形成的唯一标志，更是消费数据唯一可靠的考核标准。O2O 的优势在于把网上和网下的优势完美结合。让消费者在享受线上优惠价格的同时，又可享受线下贴心的服务。美团网、高朋网等是 O2O 电子商务的典型代表。

O2O 的四种运营模式

online to offline	线上交易到线下消费体验
offline to online	线下营销到线上交易
offline to online to offline	线下营销到线上交易再到线下消费体验
online to offline to online	线上交易或营销到线下消费体验再到线上消费体验

58. P2P 借贷平台

P2P 是英文"peer to peer"的缩写，意即个人对个人（伙伴对伙伴），又称点对点网络借款，是一种将小额资金聚集起来借贷给有资金需求人群的一种民间小额借贷模式。属于互联网金融产品的一种。属于民间小额借贷,借助互联网、移动互联网技术的网络信贷平台向其他个人提供相关理财行为、金融服务。

P2P 模式的优缺点

优缺点 P2P 模式	优点	缺点
纯线上模式	纯粹进行信息匹配,帮助资金借贷双方更好地进行资金匹配	不参与担保
债权转让模式	平台本身先行放贷,再将债权放到平台进行转让,使企业提高融资端的工作效率	容易出现资金池,不能让资金充分发挥效益

近年来 P2P 行业已经暴露出了不少弊端,由于国内个人信用体系并不够完善以及监管政策的滞后,频繁出现了非法集资、卷款跑路等安全事件。 2016 年 4 月,互联网金融风险专项整治正式启动,网贷是其中的重点领域之一。 国家对网贷行业整治工作的态度是消化和化解存量风险、引导清退转型为主导。 2017 年、2018 年逐步实施整治工作。 截至 2020 年 1 月,约有 10 个省份出台了专门清退网贷平台的指导意见、管理办法或者引导网贷平台有序平稳退出的文件。

59. P2B 融资平台

P2B 是一个互联网融资服务平台,有别于 P2P 网络融资平台的一种微金融服务模式。 P2B 是指"person to business",个人对企业的一种贷款模式。 在 P2B 平台能以远低于民间借贷的利息借到中短期企业发展需要的资金。 P2B 平台负责审核借款企业融资信息的真实性、抵质押物的有效性、评估借款风险、通过从借款资金中提取还款保证金的方式确保将还款风险降到最低。 P2B 平台只是作为一种纯粹的投融资中介来收取一定平台服务费,本身既不融资也不放贷。

与 P2P 不同，P2B 平台只针对中小微企业提供投融资服务，借款企业及其法人（或实际控股的大股东）要提供企业及个人的担保，并且基本上不提供纯粹的信用无抵押借款，再加上类似担保模式的借款保证金账户，因此从投资风险角度分析，P2B 比 P2P 具有更高的投资安全性。

60. P2C 电商模式

P2C 即"production to consumer"，简称为产品到顾客，产品从生产企业直接送到消费者手中，中间没有任何的交易环节。是继 B2B、B2C、C2C 之后的又一个电子商务新概念。在国内叫作生活服务平台。P2C 把人们日常生活当中的一切密切相关的服务信息，如房产、餐饮、交友、家政服务、票务、健康、医疗、保健等聚合在平台上，实现服务业的电子商务化。

P2C 的模式和理念来自于每个人每天都在消费，谁整合好了产品，谁就掌握了消费终端，谁就会在市场上拥有最大的话语权，谁就是大赢家。尽管生活服务领域市场潜力巨大，但在互联网的世界中目前尚未出现寡头分割的局面，这让互联网巨头看到了转型生活服务的机会，越来越多的网站开始走向 P2C 的模式。

61. 第三方物流

所谓第三方物流是相对"第一方"发货人和"第二方"收货人而言的。是由第三方物流企业来承担企业物流活动的一种物流形态。第三方物流既不属于第一方，也不属于第二方，而是通过与第一方或第二方的合作来提供其专业化的物流服务，它不拥有商品，不参与商品的买卖，而是为客户提供以合同为约束、以结盟为基础的系列化、个性化、信息化的物流代理服务。随着信息技术的发展和经济全球化趋势，越来越多的产品在世界范围内流通、生产、销售和消费，物流活动日益庞大和复杂，而第一、第二方物流的组织和经营方式已不能完全满足社会需要；同时，为参与世界性竞争，企业必须确立核心竞争力，加强供应链管理，降低物流成本，把不属于核心业务的物流活动外包出去。于是，第三方物流应运而生。

常见的第三方物流企业分为第三方快递企业和第三方物流企业以及新兴的宅配公司。常见的第三方快递公司有：中通速递、申通快递、韵达快递、顺丰速运、国家邮政、宅急送、红楼国通快递、圆通快递、天天快递、优速快递、能达速递。常见的第三方物流公司有：德邦、天地华宇、新邦物流、龙邦、安能物流。常见的第三方宅配公司有：南京晟邦、京东宅配、盒马鲜生、每日优鲜、菜鸟物流、饿了么配送、蜂鸟配送。

62. 物流配送中的技术

计算机网络技术的应用普及后，物流技术还综合了许多现代技术，主要包括条码技术、EDI 技术、射频识别技术、地理信息技术、全球定位技术、销售时点信息技术、卫星地面定位技术、物流企业管理信息技术。下面主要介绍常见的五种技术。

(1)条码技术

条码技术最早产生于 20 世纪，诞生于美国西屋电气公司的实验室里。那时候对电子技术应用方面的每一个设想都使人感到非常新奇。发明家约翰·科芒德的想法是在信封上做条码标记，条码中的信息是收信人的地址，就像今天的邮政编码。

条码是由一组不同宽度的条和空组成的标记。"条"是指对光线反射率较低的部分，"空"是指对光线反射率较高的部分。这些条和空组成的数据表达一定的信息，并能够用特定的设备识别，转换成计算机兼容的二进制或十进制信息。

条码技术是为实现对信息的自动扫描而设计的。它是实现快速、准确而可靠地采集数据的有效手段。数据录入和数据采集的"瓶颈"问题因条码技术的应用而得到了解决，供应链管理也得到了强有力的技术支持。

(2)EDI 技术

EDI 是 "electronic data interchange" 的缩写，翻译为 "电子数据交换"，即通过电子方式，采用标准化的格式，利用计算机网络进行结构化数据的传输和交换。

电子数据交换（EDI）简单地说就是企业的内部应用系统之间，通过计算机和公共信息网络，以电子化的方式传递商业文件的过程。换言之，EDI 就是供应商、零售商、制造商和客户等在其各自的应用系统之间利用 EDI 技术，通过公共 EDI 网络，自动交换和处理商业单证的过程。EDI 技术被广泛应用于商业贸易领域、运输业领域、外贸领域以及其他领域中。

在商业贸易领域，通过采用 EDI 技术，可以将不同制造商、供应商、批发商和零售商等商业贸易之间各自的生产管理、物料需求、销售管理、仓库管理、商业 POS 系统有机的结合起来，从而使这些企业大幅提高其经营效率，并创造出更高的利润。商贸 EDI 业务特别适用于那些具有一定规模的、具有良好计算机管理基础的制造商、采用商业 POS 系统的批发商和零售商、为国际著名厂商提供产品的供应商。

在运输业领域，通过采用集装箱运输电子数据交换业务，可以将船运、空运、陆路运输、外轮代理公司、港口码头、仓库、保险公司等企业之间各自的应用系统联系在一起，从而解决传统单证传输过程中的处理时间长、效率低下等问题。可以有效提高货物运输能力，实现物流控制电子化。从而实现国际集装箱多式联运，进一步促进港口集装箱运输事业的发展。

在外贸领域，通过采用 EDI 技术，可以将海关、商检、卫检等口岸监管部门与外贸公司、来料加工企业、报关公司等相关部门和企业紧密地联系起来，从而可以避免企业多次往返多个外贸管理部门进行申报、审批等。大大简化进出口贸易程序，提高货物通关的速度，最终改善经营投资环境，增强企业在国际贸易中的竞争力。

除此之外，EDI 技术在税务、银行、保险等贸易链路等多个环节之中同样也有着广泛的应用前景。 通过 EDI 和电子商务技术（ECS），可以实现电子报税、电子资金划拨（EFT）等多种应用。

(3)射频识别技术

射频识别（RFID）技术是一种无线通信技术，可以通过无线电信号识别特定目标并读写相关数据，而无须识别系统与特定目标之间建立机械或者光学接触。

无线电的信号是通过调成无线电频率的电磁场，把数据从附着在物品上的标签上传送出去，以自动辨识与追踪该物品。 某些标签在识别时从识别器发出的电磁场中就可以得到能量，而不需要电池；也有标签本身拥有电源，并可以主动发出无线电波（调成无线电频率的电磁场）。 标签包含了电子存储的信息，数米之内都可以识别。 与条形码不同的是，射频标签不需要处在识别器视线之内，也可以嵌入被追踪物体之内。

许多行业都运用了射频识别技术。 将标签附着在一辆正在生产中的汽车，厂方便可以追踪此车在生产线上的进度。 射频识别技术运用在仓储货运中，仓库可以追踪物品的所在。 射频标签也可以附于牲畜与宠物上，方便对牲畜与宠物的积极识别（积极识别意思是防止数只牲畜使用同一个身份）。 射频识别的身份识别卡可以使员工得以进入锁住的建筑部分，汽车上的射频应答器也可以用来征收收费路段与停车场的费用。

某些射频标签附在衣物、个人财物上，甚至于植入人体之内。 由于这项技术可能会在未经本人许可的情况下读取个人信息，这项技术也会涉嫌侵犯个人隐私。

(4)GIS 技术

GIS 全称为 "Geographic Information System"，即地理信息系统，有时又称为 "地学信息系统" 或 "资源与环境信息系统"。 它是一种特定的十分重要的空间信息系统。 GIS 是在计算机硬、软件系统支持下，对整个或部分地球表层（包括大气层）空间中的有关地理分布数据进行采集、储存、管理、运算、分析、显示和描述的技术系统。 地理信息系统处理、管理的对象是多种地理空间实体数据及其关系，包括空间定位数据、图形数据、遥感图像数据、属性数据等，用于分析和处理在一定地理区域内分布的各种现象和过程，解决复杂的规划、决策和管理问题。

（5）全球定位技术

全球定位技术即 GPS，它已与互联网、蜂窝移动通信网一起成为全世界发展最快的三大信息产业，并与之相互紧密组合。 例如，由 GPS 接收机采集数据信息，通过通信系统传送，最后由互联网发布。 迄今为止，美国、俄罗斯、中国等国家和组织都已经开发了或正在开发和部署全球定位系统。

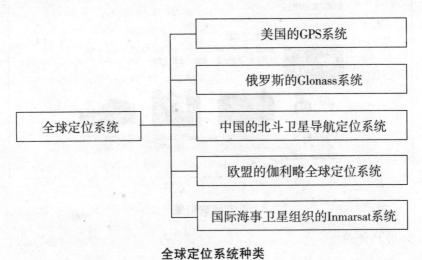

全球定位系统种类

63. 电子商务营销策略

（1）搜索引擎优化

搜索引擎优化即 SEO，就是让"网络爬虫"更容易收取网站产品页面。 如果百度、搜狗和其他搜索引擎能够很容易发现并收录商家的产品页面，那么它们就会很容易将商家的网站显示在合适的搜索结果页面。 SEO 的目标并不是用虚假的内容或者关键词堆砌骗取搜索引擎排名，而是帮助搜索引擎定位、理解商家的产品内容。 SEO 会帮助商家提高网站搜索结果排名，从而使营销效果更好。

百度搜索引擎

（2）用户评价

用户评价是指用户购买或体验某一产品后对此做出的判断。 在电子商务快速发展的今天,用户评价已经成为商家的一个非常重要的展示内容,其所占篇幅甚至超过商品本身的描述。 这是因为越来越多的用户在购买或体验某一产品时,更倾向于直接看评价,参考其他用户的购买体验,从而来决定自己的消费行为。

由于电商平台的商家鱼龙混杂,普通消费者很难对其进行甄别,这时用户评价（用户的好评、差评）就成为用户决策最为核心的考量因素。 用户评价能有效地把第三方用户的使用情况反映出来,不同的纬度和观点,尤其是来自同类购买者的评价信息,有助于潜在消费者做出购买决断。

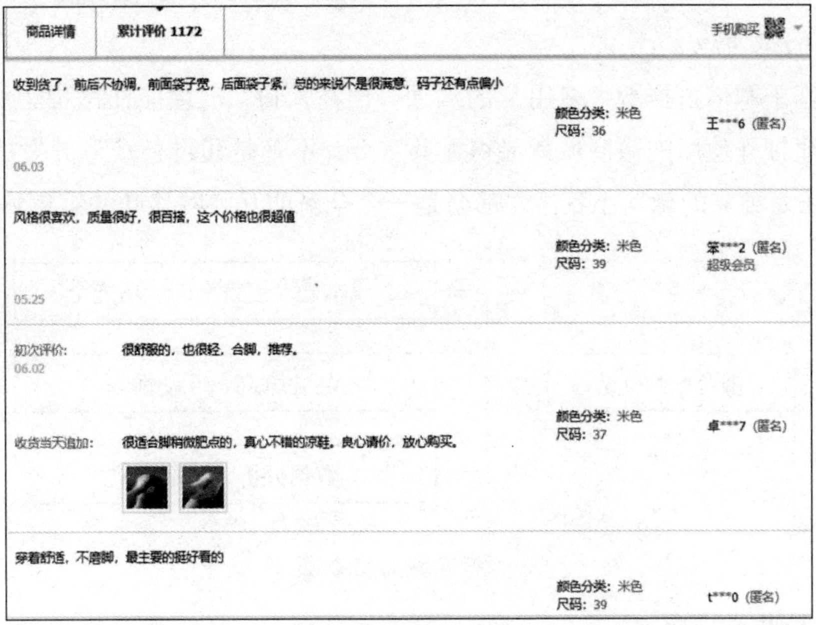

淘宝的买家评价页面

（3）维持主流媒体曝光度

要树立品牌，必须得在主流媒体上维持一定的曝光度，像新浪、网易、凤凰网、腾讯、百度百家号、今日头条号等多个知名网站及自媒体平台，定时发布些新产品、新优惠、新活动，或者蹭热点话题来增加曝光度，都会提升网站的知名度。

（4）明星代言（代卖）

明星代言，一直是产品营销的重要一部分，在现今的网络时代，这一情况更加被侧重，不论是品牌传播速度，还是话题效应，都对营销有很好的效果。或者可以请一些所谓的网络大 V，在他们的微博、微信文章或直播中，提及一下产品或品牌，还可以请网红来代卖。

（5）广告推送

电子邮件的广告推送，其实在我国不是很适用，因为除了有些单位、公司的工作需要，人们不像国外那么依赖于电子邮箱。对于国内市场，最

81

好可以像淘宝那种，APP 推送消息，或者短信群发，但要避免过度营销。

（6）微商城

基于微信占据着大多用户的沟通、传播入口，一款能在微信上分享、能迅速打开使用的微商城就显得尤其重要，不管是通过公众号开发的微商城、还是独立的微信小程序，都会是一个全新的互联网移动的销售体系。

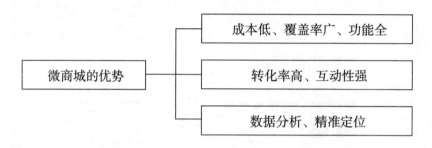

微商城的优势

（7）贴片广告

就是在各个网站的旁边显示的那种广告，一般来说，网站都会有个广告联盟，直接找到这个联盟，购买后，你要做的广告就会出现在该联盟旗下的所有网站，不必去挨个找网站。有时还更智能，根据用户当前的位置、手机，甚至他曾经的搜索记录，动态地给他推荐产品广告，大大地提高了转化率。

（8）软文（植入）广告

因为我们生活中充斥着各种广告，现代人对广告的免疫是越来越强，能做到"视而不见、充耳不闻"。软文广告因为它温柔的个性，不容易招人反感，也越来越被商家们所青睐。网络软文广告发布后有效期可以长达几年甚至更久，而且费用相对较低。如果网络软文广告具有较高的质量，还会被网民不断地转载，效果极佳。

64. 网购如何维权

随着电脑，智能手机等新兴电子产品的普及，不仅带动了科学技术领

82

域的急速发展，还从交流方式和消费观念等方面深刻影响着人们的生活。网购就是在这样的情况下应运而生。网购成为一种潮流，线上销售为人们生活提供便利的同时也衍生出了一系列问题。

网购商品良莠不齐，消费者在收货后可以通过检查外观、查询 3C 认证证书等方式对所购商品进行初步检验。如果发现存在质量问题，可以通过委托有资质的鉴定机构或者检测机构进行检测。若商品存在质量问题或者与网站宣传页面描述不符，消费者可以要求销售者承担继续履行、采取补救措施或者赔偿损失等违约责任；若因销售者违约致使双方之间的合同目的不能实现时，消费者可以申请解除买卖合同，进而要求销售者退还价款。在构成欺诈情形下，消费者可要求销售者支付三倍赔偿金。

为避免自身利益受损，消费者在网上购物时应该注意以下几点：第一，购物平台的选择是关键。消费者应选择知名度高、信誉好、备案信息齐全的网络平台，以降低遭遇欺诈的危险系数。第二，谨慎下单。面对心仪的商品心动的价格，不要急于付款，要"验明正身而后买"，要先对网站的联系电话进行试拨验证，仔细查实经营者的名称和地址等有关信息，以免盲目付款而财物两空。第三，点击购物的过程中，应注意保存相关网页，索取付款凭证，为日后维权保留证据。

65.《电子商务法》出台

网络购物已成为诸多消费者喜爱的生活方式之一，但是网购的风险也比较大，随之而来的消费投诉也呈逐年上升态势。在这种背景下，全国人大常委会于 2013 年 12 月 7 日正式启动《中华人民共和国电子商务法》（以下简称《电子商务法》）的制定工作。

2018 年 8 月 31 日，十三届全国人大常委会第五次会议表决通过《电子商务法》，自 2019 年 1 月 1 日起施行。历时五年，《电子商务法》终于出台，对我国电子商务法制化、规范化发展有着极其重要的意义。该法为消费者未来的网购生涯保驾护航，成为中国电子商务发展史上的里程碑。

《电子商务法》对电子商务经营主体、经营行为、合同、快递物流、电子支付等进行了明确规定，并就电子商务发展过程中存在的搭售、保证押金、"大数据杀熟"、个人信息保护、不正当竞争、平台责任、差评删除、电商绿色化、电商经营者登记及纳税等问题都进行了积极回应。

66.《电子商务法》的调整范围

《电子商务法》第二条将电子商务界定为"通过互联网等信息网络销售商品或者提供服务的经营活动。"具体从电子商务所依托的技术、电子商务交易行为和法律属性三个维度界定。

（1）互联网等信息网络

《电子商务法》中提到的"互联网等信息网络"包括互联网、移动互联网、广播电视网、电信网络、物联网等信息网络。将电子商务所依托的技术界定在信息网络而非仅限于互联网，是遵循技术中立原则，既着眼于网络技术现状，也能在一定程度上涵盖未来网络技术和应用的发展。因此，通过互联网、移动客户端、移动社交圈、移动应用商店等进行的经营活动也属于《电子商务法》的调整范围。

（2）销售商品和提供服务

电子商务交易包括销售商品和提供服务两种行为。

商品的本质是凝结了一定的人类劳动，具有使用价值的劳动产品。商品既包括一般形式的有形物品，例如电脑、服装等，也包括销售数字音乐、电子书和计算机软件的复制件等无形产品。技术交易无论是技术转让还是技术许可，都属于销售商品（数字商品）的范畴。因此，技术交易也属于《电子商务法》的调整范围。

提供服务是指通过互联网等信息网络在线提供服务，如网络游戏等；或者是网上订立服务合同，在线下履行，例如，我们常常使用的外卖订餐、在线打车、预订车票等服务。此外，对销售商品和提供服务进行支撑的相关服务，如电子支付、物流快递、信用评价、网店装潢设计等，因为其对销售商品和提供服务提供了支撑服务，也应该纳入《电子商务法》的调整范围。

（3）经营活动

经营活动是指以营利为目的的持续性业务活动，即商事行为。是否为"经营活动"，主要考察行为的主观性，即目的是为了营利，而不论结果或者事实上能否营利，因此，即使电子商务经营者提供的基础服务是免费的，只要具有营利目的，就应该认定为电子商务。经营活动是判断电子商务行为的一个关键标准和落脚点，一种网络行为如果不满足经营活动的判断标准，那该行为也不是法律意义上的经营活动，不应纳入《电子商务法》的调整范围。例如：朋友之间通过信息网络共享或者馈赠自己的文章、摄影作品；个人利用信息网络临时、偶尔出售自用的二手物品等均不属于电子商务行为。

67. 电商平台的责任义务

电子商务平台经营者是在电子商务中为交易双方或者多方提供网络经营场所、交易撮合、信息发布等服务，供交易双方或者多方独立开展活动的法人或者非法人组织，我们通常称之为"电商平台"，例如：淘宝、美团、滴滴出行等。考虑到电商平台重要的法律地位，《电子商务法》第二章第二节对电商平台特殊的法律义务进行了专门的规定。

《电子商务法》第二十七条、第二十八条、第二十九条对市场主体在管理其经营信息和监督其依法经营两方面对平台有严格的要求，要求平台登记、核验、归档和更新相关经营者信息，并要求及时报送相关信息，向税务机关报送平台内经营者的身份信息和与纳税有关的信息，要求平台对经营者是否获得行政许可、是否能保障人身财产安全和环境保护进行监控，发现违法，需及时采取措施，否则将被处以罚款甚至是停业整顿。

《电子商务法》中对平台义务和责任的重点规定

序号	电商平台责任义务	电商法条文
1	对平台内经营者身份和资质信息进行核实和定期更新，并且向市场监管部门和税务部门报送	第二十七条、第二十八条
2	发现无证经营或禁限售商品应当采取处理措施，同时向主管机关报告	第二十九条
3	采取技术措施保障网络安全	第三十条
4	保存平台交易信息不少于三年	第三十一条
5	平台协议及规则制定遵守公开、公平、公正的原则，保障用户充分接触，修订需征求意见并公示	第三十二至三十四条
6	自营和他营区分，自营责任自负	第三十七条
7	知道或应当知道商家侵权行为而不采取必要措施的承担连带责任；生命健康保障义务未完成的承担相应的责任	第三十八条
8	建立消费者评价机制，不得删除评价	第三十九条
9	竞价排名的搜索结果须标示"广告"	第四十条
10	不得集中交易、标准化合约交易	第四十六条

68.《电子商务法》的亮点

《电子商务法》的立法进程于 2013 年年底正式启动，在坚持科学立法、民主立法的原则上，广泛凝聚各方智慧和共识，历经 5 年最终出台。《电子商务法》是电子商务领域的综合性、基础性的法律，对保障电子商务各方主体权益、规范电子商务行为、维护市场秩序、促进电子商务持续健康发展具有重要作用。

（1）微商、直播销售等经营方式被纳入监管范围

近年来，随着电子商务的迅速发展，使人们的购物方式也发生了天翻地覆的变化，各种销售不仅存在于淘宝、京东、小红书等电子商务平台，

利用朋友圈、直播等方式的销售也层出不穷。 这种依托于社交网络来从事商品销售或提供服务的 "社交电商"，是否属于电子商务经营者呢？

依据《电子商务法》第九条第一款的规定，电子商务经营者是指通过互联网等信息网络从事销售商品或者提供服务的经营活动的自然人、法人和非法人组织，包括电子商务平台经营者、平台内经营者以及通过自建网站、其他网络服务销售商品或者提供服务的电子商务经营者。

微商、直播销售等属于通过其他网络服务销售商品或者提供服务的经营活动，其经营主体属于电子商务经营者，应受《电子商务法》的约束。

(2)个人网店经营者也需依法进行市场主体登记

个人网店是目前发展迅速的一种经营模式，之前因为不需要进行工商登记，我们身边的 "微商" 随处可见，产品出现问题，消费者找不到商家，维权困难；监管部门找不到责任主体，监管困难。 今后，电子商务经营者应依法办理市场主体登记。

《电子商务法》的制定，使大部分个人卖家被列入电子商务经营者的范畴，并有法条明文规定 "电子商务经营者应当依法办理市场主体登记"，通过法律方式对大部分电子商务经营者进行注册登记，由国家统一监督，统一管理。

今后，除了个人销售自产农副产品、家庭手工业产品，个人利用自己的技能从事依法无须取得许可的便民劳务活动和零星小额交易活动之外，都需要市场主体登记。 但是除此以外，还有一部分卖家通过电子商务的方式销售自产的农副产品、家庭手工业产品或利用自己的技能从事依法无须取得许可的便民劳务活动和零星小额交易活动，作为本法规定的例外情形，例如在微信朋友圈内销售农家自产土鸡蛋、农户自制手工艺品就无须进行登记。

(3)维护消费者知情权，严禁"刷好评"

在网购之前，绝大多数消费者都会参考关于该商品的评价，然后考虑是否购买。 于是，不少商家都会在评价上 "动手脚"，试图通过 "刷好评""删差评"等方式，提升自己店铺的信用水平。今后，为了切实维护消费者知情权，"刷好评"将被严禁。

《电子商务法》第十七条规定，电子商务经营者应当全面、真实、准确、及时地披露商品或者服务信息，保障消费者的知情权和选择权。电子商务经营者不得以虚构交易、编造用户评价等方式进行虚假或者引人误解的商业宣传，欺骗、误导消费者。

将"全面、真实、准确、及时地披露信息"规定为经营者的基本义务，促使电子商务经营者能够更加积极主动地进行信息披露，以更好地保障消费者权益。针对"刷单""刷好评"等误导、欺诈消费者等问题进行专门规定，明确规定电子商务经营者不得以虚构交易、编造用户评价等方式进行虚假或者引人误解的商业宣传，有利于充分保障电子商务消费者的知情权和选择权。

(4)大数据"杀熟"被禁止，网络搭售商品不得设置为默认

大数据为我们的生活带来了极大的便利，但是也隐藏着很多陷阱。大数据在提供方便的时候可以很方便，想要给你诱导消费也很容易。此外，买机票搭个"专车"接送，订酒店搭个 SPA 放松，看似贴心的服务，有些却是暗地里搭售，让消费者在不知情的时候就购买了。《电子商务法》出台后，这些诱导行为都会被禁止。

《电子商务法》第十八条第一款规定，电子商务经营者根据消费者的兴趣爱好、消费习惯等特征向其提供商品或者服务的搜索结果的，应当同时向该消费者提供不针对其个人特征的选项，尊重和平等保护消费者合法权益。

《电子商务法》第十九条规定，电子商务经营者搭售商品或者服务，应当以显著方式提请消费者注意，不得将搭售商品或者服务作为默认同意的选项。

将"向该消费者提供不针对其个人特征的选项"和"不得将搭售商品或者服务作为默认同意的选项"作为条文规定，有利于避免因"精准"的

信息推送导致消费者的知情权和选择权受到限制，亦有利于将是否购买的主动权交还给消费者。有效地避免了"杀熟"和"强制搭售"的问题。

(5)明确商家承担运输责任和风险

每到购物狂欢节，例如"618""双十一"，大量快递拥堵在路上，迟迟无法收到快递的用户也是心焦到无心上班。最后快递丢了，商家还不承认，快递公司只按运费的倍数赔偿，远远无法弥补物品丢失带来的损失。为此，《电子商务法》明确了商家要承担的责任。

《电子商务法》第二十条规定，电子商务经营者应当按照承诺或者与消费者约定的方式、时限向消费者交付商品或者服务，并承担商品运输中的风险和责任。但是，消费者另行选择快递物流服务提供者的除外。

电子商务经营者委托快递物流企业对实物商品进行投递运输时，实物商品在投递运输过程中的所有权还在电子商务经营者的控制下，商品在途的风险和责任由电子商务经营者承担。也就是说，只要不是消费者另行选择快递物流服务提供者，商品运输出现的问题消费者不用承担责任。

(6)破解押金难退困局，明确退款方式

网上订酒店、骑共享单车等，往往需要消费者先交纳部分押金，但随着电子商务的发展，押金退还问题逐渐凸显。甚至屡屡出现程序复杂、条件不公平、退款不及时等情形，严重损害广大消费者的合法权益。

《电子商务法》第二十一条规定，电子商务经营者按照约定向消费者收取押金的，应当明示押金退还的方式、程序，不得对押金退还设置不合理条件。消费者申请退还押金，符合押金退还条件的，电子商务经营者应当及时退还。这是《电子商务法》首次对押金退还问题进行明确，有利于保障消费者合法权益。

(7)"京东自营""天猫自营"等应标明，并依法承担民事责任

基于对电商平台的信任，消费者才选择在自营店购买商品。商品出了问题，电商平台说"去找店家，跟平台没关系"。到头来消费者还是不知道谁在与自己进行商品交易。

《电子商务法》第三十七条作了相关规定,电子商务平台经营者在其平台上开展自营业务的,应当以显著方式区分标记自营业务和平台内经营者开展的业务,不得误导消费者。 电子商务平台经营者对其标记为自营的业务依法承担商品销售者或者服务提供者的民事责任。

平台经营者如果有自营业务,必须要以显著方式标明其自营业务,以此与平台内经营者的业务予以区分。 如果因为相关的区分不够清晰,导致误导消费者,平台就应承担相应的责任,而不得推说自己是第三方平台与自己无关。

(8)商品或服务有问题,平台承担连带责任、相应责任

曾经的郑州空姐、温州女孩乘坐网约车遇害,引发了一场全民大讨论,发生恶性事件,网约车的平台有责任吗? 在网店内买了假货,仅仅是卖家责任,平台就没有监管义务吗?《电子商务法》第三十八条规定,电子商务平台经营者知道或者应当知道平台内经营者销售的商品或者提供的服务不符合保障人身、财产安全的要求,或者有其他侵害消费者合法权益行为,未采取必要措施的,依法与该平台内经营者承担连带责任。 对关系消费者生命健康的商品或者服务,电子商务平台经营者对平台内经营者的资质资格未尽到审核义务,或者对消费者未尽到安全保障义务,造成消费者损害的,依法承担相应的责任。

相对于消费者,电子商务平台经营者更具有优势地位,其有条件并应当审核平台内经营者的相关资格和资质及是否有过侵害消费者权益及销售商品、提供服务不符合人生财产安全的既往史。 对此未采取必要措施或造成消费者损害的,平台应承担连带责任、相应责任。

(9)评价应真实,平台擅自删差评会被严惩

用户评论是商家达成销售的一个重要因素,作为商家都喜欢收到好评,但有些产品的确不好,消费者记录下真实的感受,却被卖家或者平台删掉。 根据《电子商务法》的规定,电商平台经营者擅自删差评的行为会被严惩。

依据《电子商务法》第三十九条的规定，电子商务平台经营者应当建立健全信用评价制度，公示信用评价规则，为消费者提供对平台内销售的商品或者提供的服务进行评价的途径。 电子商务平台经营者不得删除消费者对其平台内销售的商品或者提供的服务的评价。 这将确保消费者评价能发挥良好的作用，促使平台经营者以及平台内经营者诚信经营。 对于经营者的相关行为有积极的引导功能。

（10）付款成功，经营者不准随意毁约

"双十一"下的单，商家说折扣弄错了，迟迟不愿发货，遇到这类问题，消费者可以追究卖家违约责任。 依据《电子商务法》第四十九条第一款的规定，电子商务经营者发布的商品或者服务信息符合要约条件的，用户选择该商品或者服务并提交订单成功，合同成立。 当事人另有约定的，从其约定。

该条款明确经营者应当承担的责任，督促经营者诚实守信、切实履行合同义务，不得以各种理由、借口免除或减轻自身对消费者损失所应当承担的责任。 同时该条款的设立也为消费者依法维权提供了坚强后盾。

69. 电子商务行业发展现状

1995 年中国建设的第一个商品订货系统和马云创办的"中国黄页"将互联网应用于商务，标志着中国电子商务模式的开始。 1999 年前后，阿里巴巴和当当等电子商务企业成立，2003 年淘宝网的创立，标志着电子商务以面向市场的特点进入了新的发展阶段。 2007 年我国第一个电子商务五年发展规划发布，2008 年网上零售业务进入了爆发和大规模增长阶段。

经过多年快速发展，我国电子商务已从高速增长进入高质量发展的全新阶段。 从国内方面看：2019 年我国网络零售额达到 10.6 万亿元，提前一年完成"十三五"设定的 10 万亿元目标；其中实物商品网上零售额对同期社会消费品零售总额的增长贡献率达 45.7%，接近半壁江山，电子商务已成为我国居民消费的主要渠道。 随着线上线下融合发展不断深化，跨界融合新模式新业态不断涌现,电子商务也成为我国经济增长的新引擎。 从国际方面看:截至 2019 年,中国已连续七年成为全球最大的网络零售市场,成为举世公认的电子商务大国。 我国电子商务通过跨境电商主渠道走出国门,有力带动了"一带一路"沿线国家地区和世界其他地区经济和就业增长。 在电子商务国际规则领域,我国也已成为规则制定的积极贡献者和重要参与者。

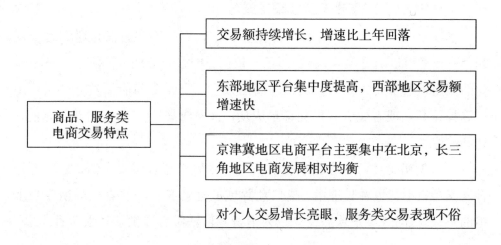

2019 年商品、服务类电商交易特点

飞速发展的电子商务改变了人们的习惯。 从 2003 年"非典"至今,中国互联网经济 17 年的高速发展,改变了中国人衣食住行的消费模式,面对 2020 年初的新冠肺炎疫情,人们在生活、娱乐和工作上都比 2003 年拥有更多的主动权。 在新冠肺炎疫情防控和生活必需品保供工作中,电子商务充分发挥其技术、网络和平台优势,成为抗疫保供中的重要力量,从侧面体现出电子商务对我国经济和社会发展的巨大作用。

五、移动互联网：手机替代PC

门户网站作为 PC 互联网的杰出代表，毫无疑问取得了巨大发展，但是随着手机网民的快速增加以及宽带无线接入技术和移动终端技术的飞速发展，人们迫切希望能够随时随地方便地从互联网获取信息和服务，移动互联网应运而生并迅速发展。CNNIC（中国互联网络信息中心）从 1997年开始每年会发布《中国互联网络发展状况统计报告》，从 CNNIC 统计的互联网接入方式来看，2011 年通过智能手机上网的比例达到了 69.3％，并在 2012 年正式以 74.5％超过了台式电脑的 70.6％，手机逐渐替代 PC，成为了现在最主要的上网设备，这宣告着移动互联网时代的来临。

70. 移动通信

移动通信是指进行无线通信的现代化技术，这种技术是电子计算机与移动互联网发展的重要成果之一。移动通信技术经历了第一代、第二代、第三代、第四代技术的发展，目前，已经迈入了第五代发展的时代（5G 移动通信技术），这也是目前改变世界的几种主要技术之一。所谓 G（generation）就是一代的意思，从最早的 1G 到现在的 4G，以及5G，每一代移动通信的升级，信息传输的速度都会翻倍。而每一代的更迭，都给我们的生活带来了新的变化。

(1)1G 时代：只能语音传输

1G（first generation）表示第一代移动通信技术，以模拟技术为基础的蜂窝无线电话系统，如现在已经淘汰的模拟移动网。1G 无线系统在设计上只能传输语音流量，并受到网络容量的限制。1G 时代的街上随处可

93

见公共电话亭以及等着打电话的人,大家腰带上都别着 BP 机。

(2)2G 时代:手机能上网

第二代手机通信技术规格,以数字语音传输技术为核心。 一般定义为无法直接传送如电子邮件、软件等信息;只具有通话和一些如时间日期等传送的手机通信技术规格。 不过手机短信在它的某些规格中能够被执行,它在美国通常称为"个人通讯服务"。

2G 时代手机还没有那么普及,只是一个打电话的工具,想上网的人只能跟玩游戏的人一起挤在网吧里,小灵通的信号也不好,所以出现联系不上的情况,人们还是会选择发电报和传真。

(3)3G 时代:随时随地无线上网

3G 是第三代移动通信技术,是指支持高速数据传输的蜂窝移动通信技术。 3G 服务能够同时传送声音及数据信息,速率一般在几百 kbps 以上。 3G 是指将无线通信与国际互联网等多媒体通信结合的新一代移动通信系统。

3G 时代,最火的手机还数 iPhone 3G。 当时的手机屏幕不大,有后置摄像头但是像素并不高清,没有前置摄像头无法自拍,只能老老实实地听歌,根本不能同时用相机,而且网络慢得吓人,用得最多的还是短信和QQ,上网还需要拨号才能上。

(4)4G 时代:比拨号上网快 2000 倍

第四代移动电话行动通信标准,指的是第四代移动通信技术,4G 是集 3G 与 WLAN 于一体,并且能够快速传输数据、高质量音频、视频和图像等。 4G 能够以 100Mbps 以上的速度下载,比家用宽带 ADSL (4 兆)快 25 倍,并能够满足几乎所有用户对于无线服务的要求。 此外,4G 可以在 DSL 和有线电视调制解调器没有覆盖的地方部署,然后再扩展到整个地区。 很明显,4G 有着不可比拟的优越性。

(5)5G 时代:万物互联

第五代移动通信技术是最新一代蜂窝移动通信技术,是 4G (LTE-A、

WiMax)、3G（UMTS、LTE）和 2G（GSM）系统后的延伸。5G 的性能目标是高数据速率、减少延迟、节省能源、降低成本、提高系统容量和大规模设备连接。

峰值速率达到 Gbit/s 的标准，以满足高清视频，虚拟现实等大数据量传输；空中接口时延水平需要在 1ms 左右，满足自动驾驶，远程医疗等实时应用；超大网络容量，提供千亿设备的连接能力，满足物联网通信；频谱效率要比 LTE 提升 10 倍以上；连续广域覆盖和高移动性下，用户体验速率达到 100Mbit/s；流量密度和连接数密度大幅度提高；系统协同化，智能化水平提升，表现为多用户，多点，多天线，多摄取的协同组网，以及网络间灵活地自动调整。

71. 智能手机

智能手机，是指像个人电脑一样，具有独立的操作系统，独立的运行空间，可以由用户自行安装软件、游戏、导航等第三方服务商提供的程序，并可以通过移动通信网络来实现无线网络接入手机类型的总称。

智能手机核心技术的逐渐成熟使得手机核心部件成本快速下降，高性能低成本功能模块的大规模生产使得国产手机价格越来越平民化，以低价争取市场的千元机大行其道。一二线城市手机用户基本已经普及了最新的智能手机型号，未来智能手机新增的主力市场更多地向三四线城市转移。

八大智能手机品牌

品牌	特点	厂商
华为 HUAWEI	质量过硬，做工比较精细，各项手机功能均衡	华为技术有限公司
苹果 iPhone	多媒体时尚智能高端手机	美国苹果股份有限公司

品牌	特点	厂商
小米 MI	以独特的"粉丝文化"著称	北京小米科技有限责任公司
三星 SAMSUNG	安卓智能手机市场领跑者	三星集团
魅族 MEIZU	手机以外形美音质好而出名,专注多媒体终端研发	魅族科技(中国)有限公司
奇酷 QiKU	以安全著称	北京奇虎科技有限公司
OPPO	在手机拍照领域颇具特色,以高音质而著称	广东欧珀移动通信有限公司
vivo	专为年轻时尚群体而打造,安卓产品中音乐手机的标杆	广东步步高电子工业有限公司

72. 智能手机操作系统

操作系统是控制其他程序运行,管理系统资源并为用户提供操作界面的系统软件的总称。目前手机主流的操作系统有三种:安卓手机操作系统(Android OS)、苹果手机操作系统(iOS)、微软手机操作系统(Windows Phone)。

(1)安卓手机操作系统(Android OS)

Android 英文原意为"机器人",Andy Rubin 于 2003 年在美国创办了一家名为 Android 的公司,其主要经营业务为手机软件和手机操作系统。后来,谷歌斥资 4000 万美元收购了 Android 公司。

安卓系统是谷歌与包括中国移动、摩托罗拉、高通、宏达和 T-Mobile 在内的 30 多家技术和无线应用的领军企业组成的开放手机联盟合作开发的基于 Linux 的开放源代码的开源手机操作系统。并于 2007 年 11 月 5 日正式推出了其基于 Linux 2.6 标准内核的开源手机操作系统,命名为 Android,是首个为移动终端开发的真正的开放的和完整的移动软件。

安卓平台的最大优势是开放性,允许任何移动终端厂商、用户和应用开发商加入到安卓联盟中来,允许众多的厂商推出功能各具特色的应用产品。 平台提供给第三方开发商宽泛、自由的开发环境,由此会诞生丰富的、实用的、新颖别致的应用。

(2)苹果手机操作系统(iOS)

iOS 是由苹果公司开发的手持设备操作系统。 苹果公司于 2007 年 1 月 9 日的 Macworld 大会上公布这个系统,以 Darwin(Darwin 是由苹果电脑的一个开放源代码操作系统)为基础,属于类 Unix 的商业操作系统。 相对于安卓系统,iOS 系统有着非常强大的优势,比如操作界面,系统安全性,操作流畅度等。

(3)微软手机操作系统(Windows Phone)

2010 年 10 月微软公司正式发布了智能手机操作系统 Windows Phone,将谷歌的 Android OS 和苹果的 iOS 列为主要竞争对手。 但是微软的手机操作系统没有发展起来,究其原因,一是没有充分重视,对触摸等技术没有及时跟进;二是手机厂商和软件厂商不积极;三是 Windows Phone 没有在安卓系统和苹果系统之前迅速地占领市场,用户已经适应了安卓和苹果这两个系统。

73.".手机"域名

对于域名,有人做过一个生动的比喻:如果将互联网比作一张地图,那在这张"互联网地图"上,一个网站也好,一个服务器也好,它是有一个 IP 地址的,这个 IP 地址就类似于地图上的坐标,这个坐标是不好记忆和宣传的。 所以才有了域名和网址的概念,也就是通过一个域名就能找到准确的位置。

但是这张"互联网地图"是英文的,其实并不利于中文品牌的传播,也不符合中国人的使用习惯。 那有没有一张中文的"互联网地图"呢? 2014 年 12 月 1 日".手机"域名正式开始申请注册,任何自然人和机构用户按照工业和信息化部《互联网域名管理办法》规定提交身份证明材料进行备案后,都可以注册并使用".手机"域名。 2016年工业和信息化部信管函〔2016〕151号文件,批复同意北京华瑞网研科技有限公司成为".手机"顶级域名注册管理机构,负责".手机"域名的日常运营管理工作。".手机"域名成为首批得到工业和信息化部批复的中文域名之一。

经互联网名称与数字地址分配机构(ICANN)批准,工信部批复的全球通用顶级域".手机"正在通过应用模式的创新,为我们打造一张"移动互联网中文地图"。".手机"域名与".com"".cn"一样,是以".手机"为后缀的通用顶级中文域名,2014年通过ICANN审批,写入全球根服务器,成为标准的互联网寻址形式。 自2014年开放注册以来,".手机"域名获得了企事业单位的广泛关注,注册量、访问量全面攀升。 截至2019年底,".手机"域名总注册量在国内中文顶级域中排名第4位,新顶级域名增速第一,市场保有量38358个,实名注册人或机构数量33213个。 截至目前,桐乡市人民政府、乌镇、尼康、中国长安、唯品会、智慧游、中国体彩、中央电视台、青年时报、合肥晚报、辽沈晚报、沈阳晚报、江西日报、苏州日报、呼和浩特日报等政府、企业和媒体都已经注册".手机"域名。

74. 移动互联网

移动互联网是以移动通信网作为介入的互联网,是移动通信技术、终端技术与互联网技术的聚合。 用户可以随时随地接入互联网,获得丰富的数字内容和服务。 目前,移动通信技术已经迈入了第五代发展的时代,5G时代的开启必将为移动互联网的发展注入巨大的能量。

移动互联网与PC互联网有所不同,移动互联网具有小屏幕、社交化、碎片化的特点。 自媒体在移动端APP应用比较广泛,同时在移动端开放性更广泛、去中心化的特点比较明显。 与PC互联网相比,PC互联网走过了"搜索引擎—社交娱乐—电子商务"三大阶段,移动互联网时代则以更快的速度走过"即时通讯—社交娱乐—电子商务—细分领域"四个阶段，其创新之处是衍生出了大量线上线下结合的细分领域新模式，如团购、打车等。

目前，移动互联网正在快速驶入真正属于它的时代，而不是成为 PC 互联网 2.0 的衍生。其中一个重要的标志就是我们在手机和平板电脑这些移动终端上使用的应用和服务，正在由从 PC 互联网迁移过来的为主，过渡到为移动端设计的应用和服务为主，包括微信、UC 浏览器、陌陌、滴滴打车等。

移动互联网与 PC 互联网的异同

项目	PC 互联网	移动互联网
操作系统平台	基于几乎全球唯一的 Windows 平台	面对 iOS、Android、WP、黑莓等多种系统平台，各类应用需要开发适配不同 OS 的版本
开放性	Windows 系统收费、封闭不开放	Android 系统以免费、开放著名，小米 MIUI 就是基于开放的 Android 系统开发了 UI 系统
版本迭代	Windows 系统几年才升级 1 次版本	移动操作系统的更新换代则以月为时间单位，移动互联网应用乃至整个生态系统的升级换代都很快
硬件平台	所依附的 PC 则通常是十几寸到二十多寸的大屏幕，这导致应用的使用、显示内容、输入方法等都很不一样	移动互联网的地盘面积是三到六寸大的移动终端屏幕

续表

项目	PC 互联网	移动互联网
终端特性	比较单一	移动终端具有位移、定位、NFC、二维码、支付、便携等特性，能够产生比 PC 更丰富的互联网应用和商业模式
应用场景不同	PC 端的使用场景一般受限在办公室或是家里，不能利用碎片化时间，但是它受到的网速以及资费限制少	移动终端使用不受时间地点限制，可以随时随地使用，但是它会受到电池容量、网络覆盖等的限制
入口	主要入口是浏览器	主要入口是 APP
产业格局	在 PC 互联网时代，厂商各司其职，芯片厂商英特尔和 IBM、HP、联想等 PC 厂商负责硬件系统，微软负责 OS，运营商提供网络，谷歌、腾讯等互联网企业负责相关互联网应用的提供。	在移动互联网时代，终端厂商、OS 提供商、应用服务商、互联网企业和运营商大肆争夺产业主导权，都向对方领地渗透，试图占据价值链的顶端，如谷歌、微软这样的软件公司也开始做终端，硬件厂商做 OS 和应用，运营商做应用，可谓群雄争霸
变现方式不同	流量变现	用户变现
商业模式不同	主要通过广告、网络游戏、电商等方式盈利，如互联网巨头谷歌几乎所有盈利都来自于广告	移动互联网商业模式尚不明确，虽然有移动互联网公司（如 UC）通过游戏、广告等方式实现盈利，但不具普遍性和可复制性

75. 移动互联网技术

(1) HTML5

HTML5 是构建 Web 内容的一种语言描述方式，现在处于发展阶段。HTML5 技术结合了 HTML4.01 的相关标准并革新，符合现代网络发展要求。它希望能减少浏览器对于需要插件的丰富性网络应用服务的需求，并且提供更多能够有效增强网络应用的服务。微博定位功能，调用GPS；微博语音输入，调入话筒；照片上传功能，调用摄像头；摇一摇功能，调用重力感应器，都是 HTML5 应用的实例。

(2) NFC

NFC 是 "Near Field Communication" 的缩写，即近距离无线通讯技术，是一种短距离的高频无线通信技术，允许电子设备之间进行非接触式点对点数据传输交换数据。由于 NFC 安全性较高，因此这一技术被认为在手机支付等领域具有很大的应用前景。

(3) 二维码

二维码（2-dimensional bar code）是用某种特定的几何图形按一定规律在平面（二维方向上）分布的、黑白相间的、记录数据符号信息的图形；在代码编制上巧妙地利用构成计算机内部逻辑基础的 "0"、"1" 比特流的概念，使用若干个与二进制相对应的几何形体来表示文字数值信息，通过图像输入设备或光电扫描设备自动识读以实现信息自动处理。

76. 移动互联网的产物 APP

移动互联网的发展，最有力的推动因素在于移动网络的普及，包括无线网、4G 网络在全国各地的推广覆盖，这一点成为移动互联网发展的核心。同时，智能手机、平板电脑、智能手表等移动终端设备的日新月异，给予了移动互联网产业链条的有力支撑。

近年来移动互联网的发展势头很迅猛,也让整个产业链愈加开放化,与 iPhone 一同"出道"的 APP 得到了整个产业的广泛关注。除了微信、QQ、淘宝三大巨头稳居 APP 排行前三甲以外,酷狗音乐、腾讯新闻、百度地图、支付宝钱包、微博等依然是 APP 市场的热门资源。这些 APP 应用软件不仅可以满足人们的日常所需,也为企业自身的推广提供了有利平台。

77. 移动支付方式

移动支付是互联网时代一种新型的支付方式,其以移动终端为中心,通过移动终端对所购买的产品进行结算支付,移动支付的主要表现形式为手机支付。目前,比较常见的移动支付方式有以下六种。

(1)短信验证支付

短信验证支付是初始的移动支付方式,用户会将银行卡与手机的 SIM 卡绑定,如手机话费充值,就可以通过短信验证来完成支付的过程。

(2)快捷支付

用户在支付时无须再通过网银,直接向收银员提供手机号或者银行卡卡号等相关信息,输入动态口令即可完成支付的过程,快捷支付主要体现在它的"快"上面,比如第三方支付平台会提供银行卡绑定服务,这样用户在交易时不需要验证银行卡信息,只需要提供支付密码即可完成交易。

(3)移动 POS 机刷卡支付

移动 POS 机可以兼容多种智能设备接口,比如安卓、苹果等智能手机接口,接通数据服务器与网络服务商,和传统的 POS 机支付相似。

(4)二维码支付

商家通过申请支付接口,并由系统生成二维码,用户就可以借助移动支付终端来扫描二维码,交易快捷,现在使用比较普遍。

(5)当面付

当面付即"声波付",这种声波是由手机生成的,可以发出人耳无法捕捉的声波，利用声波技术来完成支付认证。

（6）NFC 支付

NFC 支付是新兴的一种支付方式，它不需要有移动网络，也可以称之为"近场支付"，通过使用 NFC 射频通道来实现与 POS 收款机或自动售货机等设备的本地通讯。

现在，去超市、餐饮等场所使用移动支付很正常，而且识脸扫码支付也出来了，未来的移动支付发展前景无法预估，随着移动支付的发展变化，用户的支付需求也十分多元化，商户需要接通更多的支付方式，来满足用户的需求，普通单一的移动支付接入口显然已经不能满足用户，那么新型多元化的移动支付将受到更多商户的拥护。

78. 移动支付风险

（1）公共场所容易接入不安全网络

如今很多公共场所（如商场、机场等）都部署了免费无线网络方便用户使用，然而这些网络安全性并不高，很容易被不法分子劫持并监控，更有甚者，会设置一个与某公共 Wi-Fi 热点同名的免费 Wi-Fi 网络，吸引用户通过移动设备接入该网络，然后通过分析软件窃取用户的 Wi-Fi 登录密码，获取用户个人资料、银行账户、网络支付账户密码，实施资金的盗刷。有报告称，信息安全组织在"北上广"三地的公共场所对 6 万多个 Wi-Fi 热点进行了调查，结果显示这其中有 8.5% 的 Wi-Fi 热点是钓鱼 Wi-Fi。

（2）用户容易被恶意软件蒙蔽，安装盗版软件

由于安卓平台的开放性，允许第三方应用加入，应用软件很容易被盗版。而这些盗版软件中暗含信息窃取、流量消耗等恶意行为，其外观（如名称、图标、运行界面等）与正版十分类似，给用户造成混淆。如果第三方应用中心不严格把控，让恶意软件上架，手机用户下载并安装了这些恶意软件，很可能造成个人隐私泄露、资金损失等。

(3)软件自身存在安全漏洞,易被攻击

移动支付产品愈便捷,其存在的安全隐患也愈严重。移动应用在设计、开发、运行等过程中,由于开发人员技术水平参差不齐,很容易产生一些不可避免的漏洞,这些安全漏洞一旦被不法分子利用,就会导致手机软件崩溃或者盗取用户信息、账号密码,甚至造成资金损失等安全事件。

(4)用户登录支付认证方式存在缺陷

目前,大部分金融支付机构相关业务场景(如转账汇款)中均采取单一因素进行身份认证,无论是 PIN 码认证、短信验证码认证、指纹认证、人脸识别等认证方式,都因为认证因素过于单一,而在安全性上得不到强有力的保障。

如短信验证码,这种认证方式貌似简单便捷,但不法分子可通过木马病毒、补卡攻击、克隆攻击、无线电监听等诸多方式截取到用户短信验证码内容,进而盗取用户钱财、盗刷用户银行卡;而人脸识别作为人工智能领域一项先进的技术创新,却也在"3·15"晚会上被曝安全性漏洞,触目惊心。

79.移动支付验证技术

国内的支付巨头微信和支付宝也在移动支付安全领域取得了一系列的科技进步,尤其是支付宝公司。在支付安全领域,支付宝公司已经陆续推出了三种支付安全检验技术,从最开始的人工密码输入、到后来的指纹识别、再到如今的人脸识别,支付宝在这个技术领域一直遥遥领先。

(1)人工密码输入验证

密码验证技术可以说是人类发明安全验证以来使用最多、最为普通、也最经得起历史所检验的一种安全技术手段。这种技术的核心就是不同的符号,按照不同的顺序所组成的一组密码,要想通过安全验证这组密码必须与预先在设备中预设的密码一致才可以打开或者完成某种功能。从技术角度而言,这种技术比较简单、但是容易被人识破。

(2)指纹识别技术

人与人的指纹是完全不一样的,每一个人的任何手指之间的指纹也是不一样的,这种唯一性就促使科学家们研发了指纹识别系统。现在的智能手机内置的指纹识别系统其实技术层级是非常低的,虽然普通人很难破解,但是如果遇到黑客等掌握了相关技术的人就根本不是什么问题。

(3)人脸识别技术

从技术理论层面而言,人脸识别相对是比较难以模仿或者抄袭的,尤其是在对人脸识别过程中要对视网膜进行识别。视网膜识别技术的安全性是最高的,也是很多保密单位采用的技术之一。从这个角度来说,人脸识别的安全性是比较高的。

随着科技的发展,移动支付的安全识别技术也会不断地革新,衍生出新的技术验证方式,相信未来移动支付能够逐步在全世界流行开来。

80. 小程序的诞生

随着 APP 市场的饱和,大部分用户已经养成了使用现有 APP 的习惯,开发新的 APP 很难在市场上生存。此外,APP 开发和推广成本高也是不争的事实,在这样的环境下,小程序应运而生。

小程序是一种不需要下载安装即可使用的应用,它实现了应用"触手可及"的梦想,用户扫一扫或者搜一下即可打开应用。也体现了"用完即走"的理念,用户不用关心是否安装太多应用的问题。应用将无处不在,随时可用,但又无须安装卸载。

移动互联网时代的微信、支付宝等应用不可或缺,各种小程序切合了时代需要,毫无疑问会成为政府、组织机构、企业以及开发者必争的互联网应用场景。小程序必将再一次扩展微信、支付宝等应用的强大"连接力",帮助我们解决现有服务痛点,或者发掘、衍生出新的商业模式,帮助行业、企业以及政府机构改善服务或实现"互联网+"转型。

81 微商的出现

微商是基于移动互联网的空间，借助社交软件，以人为中心，社交为纽带进行销售的新商业模式。微商的发展就是依托在微信朋友圈上面的，相当于微信是自己的一个小店，只要在上面发布自己的产品，就有很多的人能看到。和开实体店一样，只要人流量足够多，就有很多的用户去购买，所以两者对于自己商品的曝光都是有着自己的要求的。

微商作为一个新兴的行业，不同于传统的实体店，也不同于电商平台淘宝，它有着自己独特的优势。相比于实体店，微商没有房租，省下了很多的钱；对于淘宝而言则少了很多的支出，只要自己有足够的微信好友就不怕没有曝光度，而淘宝想要有曝光，就要花钱做推广。所以微商的发展是很简单的，只需要找一个好一点的货源，做到商品安全、便宜就足够了。

前期的微商由于没有相关法规的约束，鱼龙混杂，一部分消费者的合法权益受到侵害时，维权相当困难。2019年1月1日，《中华人民共和国电子商务法》正式实施，微商纳入电商经营者范畴，消费者维权有法可依。

82. 移动社交 APP

(1)派派

派派是一款半熟人之间的移动娱乐社交应用。社交与娱乐相融合是派派的主要特点，通过群组活动、知识问答等娱乐互动形式，为用户带来有趣且快乐的社交体验。

(2)探探

探探是一个基于大数据智能推荐、全新互动模式的社交 APP。探探根据用户的个人资料、位置、兴趣爱好等信息，计算并推送身边与你匹配的人，帮助用户结识互有好感的新朋友。

(3)陌陌

陌陌是 2011 年 8 月推出的一款基于地理位置的开放式移动视频社交

应用。 有别于微博、QQ、YY、MSN 等社交软件，陌陌通过获取用户的地理位置信息，将附近的人推荐给用户，用户就能与附近的人进行即时互动，降低了社交门槛。

83. 移动职场 APP

脉脉 APP 是移动职场 APP 中的典型代表，它于 2013 年 10 月上线，在中国首次提出了"真实职业形象"与"人脉共享"概念，是一个实名制职场社交 APP。 脉脉基于"实名职业认证"和"人脉网络引擎"帮助职场人拓展人脉、交流合作、求职招聘，收获更多机遇。 脉脉为商务人士降低社交门槛、拓展职场人脉，实现各行各业的交流合作，赋能中国职场人、中国企业，涵盖包括金融贸易、IT 互联网、文化传媒、房地产、医疗、教育百余个行业。

84. 购物分享 APP

（1）小红书

小红书是一个生活方式平台和消费决策入口，创始人为毛文超和瞿芳。 在小红书社区，用户通过文字、图片、视频笔记的分享，记录了这个时代年轻人的正能量和美好生活，小红书通过机器学习将海量信息与人进行精准、高效匹配。

在小红书，一个用户通过"线上分享"消费体验，引发"社区互动"，能够推动其他用户到"线下消费"，这些用户反过来又会进行更多的"线上分享"，最终形成一个正循环。 而随着人们生活越来越走向数字化，小红书社区在"消费升级"的大潮中也会发挥更大的社会价值。

（2）拼多多

拼多多是国内主流的电子商务应用产品，专注于 C2M（用户直连制造）拼团购物的第三方社交电商平台，成立于 2015 年 9 月。 用户通过发起和朋友、家人、邻居等的拼团，可以以更低的价格，拼团购买优质商品。拼多多旨在凝聚更多人的力量，用更低的价格买到更好的东西，体会更多的实惠和乐趣，通过沟通分享形成的社交理念，形成了拼多多独特的新社交电商思维。

85. 娱乐社交 APP

(1)唱吧

唱吧是一款免费的音乐内容社群应用，支持 K 歌、连麦、弹唱、录唱、直播等功能，包含自动混响和回声效果，提供伴奏歌词声音美化，支持上传音视频并同步分享至微信朋友圈 QQ 微博。

(2)全民 K 歌

《全民 K 歌》是一款由腾讯公司出品的 K 歌软件，具有智能打分、专业混音、好友擂台、修音、趣味互动以及社交分享功能。

86. 短视频分享 APP

移动互联网的发展，使得用户可以随时随地拍摄短视频，并分享到网上，五花八门的短视频分享 APP 如雨后春笋般出现，像秒拍、火山、快手、抖音、西瓜、好看、微视、多闪以及腾讯新推出的微信视频号等，都是此类应用。其中抖音与快手渐渐成为"全领域短视频+直播"平台，在垂直领域覆盖面上趋同。短视频领域最终形成以"抖音"和"快手"为首的局势。

(1)抖音

抖音于 2016 年 9 月诞生，上线之初的产品定位就是一个专注于年轻人的音乐短视频社区平台，同年 12 月更名为抖音短视频。抖音的目标用户聚焦在都市年轻人，主打优质的音乐短视频、内容短视频。以编排生活内容，频频制造各种热门挑战、话题、活动以及让人眼花缭乱的各种特效来建立话题并引起聚众效应。不仅如此，抖音经常邀请大量短视频意见领袖和大腕明星入驻，增加平台壁垒的同时，提高产品品牌知名度。

（2）快手

快手前身叫"GIF 快手"，诞生于 2011 年 3 月，最初是一款用来制作、分享 GIF 图片的手机应用，后来快手从纯粹的工具应用转型为短视频社区。 快手的用户定位是普通人的自我表达，通过普通人的视角进行发散传播，引发大众的共鸣，从而获得更多的用户关注，而这种接地气的视频内容，刚好对应快手的口号："记录世界，记录你"。

（3）视频号

作为新秀的微信视频号，更偏向于资讯和科普类的短视频内容。 视频号的诞生正是弥补了公众号的内容短板，为创作者提供了除图文之外更广阔的发挥空间。 通过附带链接的形式可为公众号实现导流，从视频号到公众号，两者实现了微信内容的生态闭环。

87. 直播带货火爆

直播带货，是指通过一些互联网平台，使用直播技术进行近距离商品展示、咨询答复、导购的新型服务方式，或由店铺自己开设直播间，或由职业主播集合进行推介。 一方面，"直播带货"互动性更强、亲和力更强，消费者可以像在大卖场一样，和卖家进行交流甚至讨价还价；另一方面，"直播带货"往往能做到全网最低价，它绕过了经销商等传统中间渠道，直接实现了商品和消费者对接。 特别是对网红主播而言，直播的本质是让观众们看广告，通过"秒杀"等手段提供最大优惠力度从而吸引到消费者，增加消费者的黏度。

2020 年，在疫情的突袭催化下，直播带货一时间火遍了全国，许多消费者迅速爱上了"云逛街"。 商务部数据显示，2020 年一季度电商直播超过了 400 万场。 电商直播呈现出极强的爆发性，已经发展成直播经济的一种重要形态。 从淘宝直播"一哥""一姐"，到央视名嘴专场，从县长、市长带货，到 CEO 轮番开播，从"重启武汉"，到"精准扶贫"，直播带货单场销售额屡次刷新，频破亿元。 在直播间边看边下单，正成为越来越多消费者的新选择。

六、物联网：一个万物智能的世界

物联网是一个大的产业，并且正孕育着巨大的潜能。物联网涉及的应用领域有物流、交通、安防、能源、医疗、建筑、制造、家居、零售和农业。当今世界各种前沿科技像人工智能、大数据、区块链、虚拟现实等新兴技术的涌现，为物联网的发展注入了更多鲜活的力量。物联网是今日之物，更是明日之物。随着5G网络的成功部署，物联网将迎来井喷式发展。未来，物联网产业前景不可估量，一个智慧时代正加速到来。

88. 物联网

随着科学技术的发展，互联网越来越多地改变着人们的生活。从最初的收发邮件、文件传输和 Web 服务，到后来的社交、网络游戏和电子商务，再到如今的网上订外卖、滴滴出行、视频直播等。互联网成了我们这一代人生活中不可或缺的部分。

在智能手机推出以后，移动互联网的发展更上台阶，各种各样的 APP 给人们的生活带来了极大的便利。近年来，我们经常听到一个跟互联网很接近的词——物联网，一字之差的两个词，它们之间有什么样的关系呢？

通俗来讲，物联网就是物与物之间的互联网，是利用最新信息技术将物体互联互通在一起的新一代网络。物联网的核心和基础仍然是互联网，是在互联网基础上延伸和扩展的网络。其用户端延伸和扩展到了物品与物品之间，可以进行信息交换和通信，也就是物物相联。

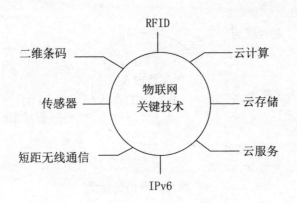

物联网关键技术

在互联网时代,接入互联网的设备是电脑、手机;而在物联网时代,几乎任何东西都可以接入物联网中,例如目前的部分空调、扫地机器人、冰箱已经接入物联网,未来会有更多设备接入物联网。 物联网是新一代信息技术的重要组成部分,也是"信息化"时代的重要发展阶段。

89. **认识** 5G

5G 是第五代移动通信技术的简称,是 4G 系统后的延伸。 5G 的性能目标是高数据速率、减少延迟、节省能源、降低成本、提高系统容量和大规模设备连接。 当前,提供 5G 无线硬件与系统的公司有:爱立信、高通、华为、联发科技、诺基亚、三星、思科、瞻博网络、中兴。

截至 2020 年年底,全国已建成 5G 基站超过 60 万个,基础电信企业发展 5G 套餐用户累计达 3.2 亿户,5G 终端连接数超过 2 亿户。 网络建设加快的同时,产品等终端也进入蓬勃发展期。 截至 2020 年 7 月 23 日,已有 197 款 5G 手机终端获得入网许可,远超 2019 年 12 月底的 39 款,同时,5G 手机售价快速下探,2000 元以下的 5G 手机已经面市。 下一步将支持手机企业研发创新,为消费者提供品类丰富、性价比高的 5G 手机,推动电信运营企业通过优化套餐设置、逐步降低流量资费水平、信用购机等举措,带动 5G 消费。

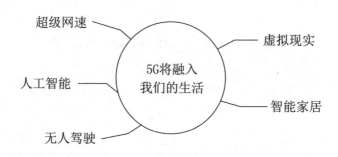

5G 将融入我们的生活

目前，多项应用开始落地，超高清视频、云游戏、AR、VR 等消费领域应用更加广泛。在车联网、工业互联网、医疗等重点领域的试点示范更加深入。未来要深化融合应用，丰富 5G 技术应用场景，发展基于 5G 的平台经济，带动 5G 终端设备等产业发展，培育新的经济增长点；壮大产业生态，加强产业链上下游企业协同发展，加快 5G 关键核心技术研发，扩大国际合作交流，持续提升 5G 安全保障水平。

90. 传感器

传感层是物联网的基础，不计其数的传感器覆盖到了世界的每个角落，如建筑、桥梁、山川、湖泊、海洋等，传感器把可变因素转化为数据，这样，我们可以通过物联网获取所需的数据。

可以说，小小传感器驱动数字变革，工厂通过部署传感器，带来了智能

传感器

化的变革。在城市应用领域，把传感器嵌入到电网、铁路、桥梁、隧道、道路等各种场景中，让一切的变量可以被感知。

物联网发展可以通过传感器的部署体现出来，近年来，物联网应用不断落地，传感器市场随之呈增长的趋势，并迎来了巨大的发展机遇，预计

到 2021 年，国内传感器市场规模可达 5937 亿元。

91. 云计算

对云计算的定义有多种说法。现阶段广为接受的是美国国家标准与技术研究院（NIST）对其的定义：云计算是一种按使用量付费的模式，这种模式提供可用的、便捷的、按需的网络访问，进入可配置的计算资源共享池（资源包括网络、服务器、存储、应用软件、服务），这些资源能够被快速提供，只需投入很少的管理工作，或与服务供应商进行很少的交互。

云计算（cloud computing）是基于互联网的相关服务的增加、使用和交付模式，通常涉及通过互联网来提供动态易扩展且经常是虚拟化的资源。云是网络、互联网的一种比喻说法。过去往往用云来表示电信网，后来也用来表示互联网和底层基础设施的抽象概念。云计算甚至可以让你体验每秒 10 万亿次的运算能力，拥有这么强大的计算能力可以模拟核爆炸、预测气候变化和市场发展趋势。用户通过电脑、笔记本、手机等方式接入数据中心，按自己的需求进行运算。

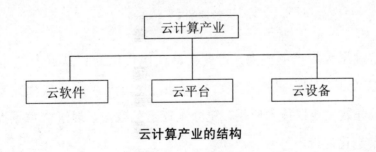

云计算产业的结构

92. 大数据

数据是人类社会发展的忠实记录者，它的获取、处理与应用在人类社会发展中一直扮演着重要角色。互联网快速发展带来无处不在的信息技术应用，海量数据随着这一进程不断产生，蕴含着巨大的社会、经济、科研价值，成为继物质、能源之后的第三大战略资源，急需重新审视和发展。 信息技术的发展为数据处理提供了自动化方法和手段，"大数据"概念应运而生。

大数据又称为巨量资料，指的是在传统数据处理应用软件不足以处理的大或复杂的数据集的术语。 大数据成为继互联网、云计算、移动互联网和物联网之后引起广泛关注的新概念，将像能源、材料一样，成为战略性资源。 美国政府已将大数据视为强化美国竞争力的关键因素之一，把大数据研究和生产提高到国家战略层面。 可以预见，大数据应用将给中国经济发展带来新的机遇，深刻影响零售、金融、教育、医疗、能源等传统行业。

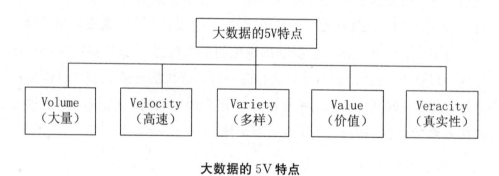

大数据的 5V 特点

谁抓住了大数据的机遇，谁就会站在现代化的制高点上。 我国信息化法治建设中，应紧紧抓住该历史机遇，制定大数据开放相关立法及政策，积极开展大数据技术应用，充分发挥示范效应，促进大数据产业发展及我国信息化建设。

93.区块链

区块链是信息技术领域的一个术语。 从科技层面来看，它涉及数学、密码学、互联网和计算机编程等诸多科学技术问题。 从应用视角来看，它是一个分布式的共享账本和数据库，具有去中心化、不可篡改、全程留痕、可以追溯、集体维护、公开透明等特点。在社会治理和公共服务中，它有广泛的应用空间，将有力推动社会治理数字化、智能化、精细化、法治化水平。

随着大数据、云计算、5G 技术的广泛应用，人与人的联系拓展到人与物、物与物的万物互联，数据已成为数字时代的基础要素。当区块链应用于数字金融、医疗服务、版权保护、商品溯源等领域时，它将为这些领域的管理者和服务者提供可靠数据信息。比如，区块链可以帮助监管部门轻松获取商品从生产到销售的全流程信息，大大降低监督执法成本。习近平总书记在中央政治局第十八次集体学习时强调，要抓住区块链技术融合、功能拓展、产业细分的契机，发挥区块链在促进数据共享、优化业务流程、降低运营成本、提升协同效率、建设可信体系等方面的作用。区块链是信息时代中一种革新性的技术，其重要性不言而喻。

目前，区块链尚处于早期发展阶段，在安全、标准、监管等方面都需要进一步发展完善。这就要求我们进一步加强区块链等技术的基础理论和标准体系研究，制定专门法规，为新技术的应用和发展提供指引。完善与电子数据相关的法律法规，有助于更好厘清开放共享的边界，明确数据产生、使用、流转、存储等环节和主体的权利义务，实现数据开放、隐私保护和数据安全之间的平衡，进而促进科技与社会治理的深度融合。

94. AR 与 VR

(1) AR

增强现实（Augmented Reality，简称 AR），是一种实时地计算摄影机摄像的位置及角度并加上相应图像的技术，该项技术的目标是在屏幕上把虚拟世界套在现实世界并进行互动。

由于支持 AR 应用的设备（比如手机和平板电脑）普及率非常高，因此 AR 的增长速度越来越快，AR 应用的到达率也会翻倍增长。AR 的经典应用是虚拟试衣间，而亚马逊是最早引入 AR 技术的品牌之一，利用

AR 让消费者可以在线"试穿"衣服,为在线购物的消费者提供了前所未有的便利。 利用 AR,宜家打造了一款 AR 手机应用程序,顾客在购买之前便可以通过手机应用将宜家的家具"摆"在家中,看颜色、大小是否合适,免去了退换货的麻烦。

除上述物品之外,最需要试的物品还有眼镜和太阳镜。 消费者可以通过 AR 尝试任何款式的眼镜,并找到适合自己的。 我们经常在网上找到一些眼镜和太阳镜的优惠信息,但再诱人的折扣也不能草率下单,毕竟眼镜的宽度、长度适不适合自己只有试过了才知道。 AR 的出现为我们的生活提供了便利,避免了很多麻烦。

(2)VR

VR 是一种虚拟现实技术,通过计算机技术生成一种模拟环境,同时再使用头部以及动作检测技术来追踪用户的动作,以反映到内容中,提供的是沉浸式的体验,VR 所呈现的是一种完全虚拟的图像,可以理解为一种对现实世界的仿真系统。 VR 技术最早应用于军事领域,最常见的产品则是头戴显示器。 VR 更适合应用在电子游戏、沉浸式的影视内容领域,相比现在的二维显示器更加接近现实。

95. 人工智能

1956 年,以麦卡塞、明斯基、罗切斯特和申农等为首的一批有远见卓识的年轻科学家在一起聚会,共同研究和探讨用机器模拟智能的一系列有关问题,并首次提出了"人工智能"这一术语,它标志着"人工智能"这门新兴学科的正式诞生。

人工智能英文为"Artificial Intelligence",缩写为"AI",亦称智械、机器智能,指由人制造出来的机器所变现出来的智能。 通常人工智能是指通过普通计算机程序来呈现人类智能的技术。 人工智能是计算机科学的一个分支,它企图了解智能的实质,并生产出一种新的能以人类智能相似的方式做出反应的智能机器,该领域的研究包括机器人、语言识别、图像识别、自然语言处理和专家系统等。

人工智能在稳投资、促消费、助升级、培植经济发展新动能、创建智能经济新形态等方面潜力巨大，对 5G 基站建设、特高压、新能源汽车充电桩等新基建领域具有重大促进作用，还会为很多领域数字化智能化转型奠定基础。

96. 可穿戴设备

可穿戴设备指能直接穿在身上，或者整合到用户的衣服或配件的一种便携式设备。可穿戴设备不仅仅是一种硬件设备，更是通过软件支持以及数据交互、云端交互来实现强大的功能，未来，可穿戴设备将会对我们的生活、感知带来很大的转变。

2012 年因谷歌眼镜的亮相，被称作"智能可穿戴设备元年"。在智能手机的创新空间逐步收窄和市场增量接近饱和的情况下，智能可穿戴设备作为智能终端产业下一个热点已被市场广泛认同。2013 年，众多企业纷纷进军智能可穿戴设备研发领域，意在抓住新一轮技术革命所带来的红利。

谷歌眼镜

智能手表

可穿戴设备一般以具备部分计算功能、可连接手机及各类终端的便携式配件形式存在，主流的产品形态包括以手腕为支撑的 watch 类（包括手表和腕带等产品），以脚为支撑的 shoes 类（包括鞋、袜子或者将来的其他腿上佩戴产品），以头部为支撑的 Glass 类（包括眼镜、头盔、头带等），以及智能服装、书包、拐杖、配饰等各类非主流产品形态。

97. 物联网机器人

机器人指的是包括一切模拟人类行为或思想与模拟其他生物的机械（如机器狗、机器猫等）。物联网机器人顾名思义，就是物联网和机器人技术的融合，是一个概念，在这个概念中，自主机器从多个传感器收集数据，并相互通信以执行任务。

物联网机器人这一概念背后的愿景是赋予机器人智慧，使其能够独自执行关键任务。为了更好地了解这项技术，让我们先把它分解成各个部分。物联网给物理对象带来了数字心跳，而机器人技术是计算机科学和工程的一个分支，它研究能够自主工作的机器。

物联网机器人

当把物联网和机器人这两种前沿技术结合在一起时会发生什么呢？物联网机器人是物联网数据帮助机器相互交互并采取所需行动的概念。简单地讲，物联网机器人指的是与其他机器人交流并自行做出适当决策的机器人。

98. 智能交通

物联网与交通的结合主要体现在人、车、路的紧密结合，使得交通环境得到改善，交通安全得到保障，资源利用率在一定程度上也得到提高。具体应用在智能公交车、共享单车、车联网、充电桩监测、智能红绿灯以及智慧停车等领域。其中，车联网是近些年来各大厂商及互联网企业争相进入的领域。

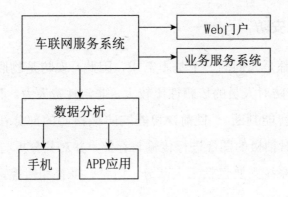

车联网服务系统

99. 智慧物流

　　智慧物流指的是以物联网、大数据、人工智能等信息技术为支撑，在物流的仓储、运输、配送等各个环节实现系统感知、全面分析及处理等功能。 当前，智慧物流主要体现在仓储、运输监测以及快递终端等方面，通过物联网技术实现对货物的监测以及运输车辆的监测，包括货物车辆位置、状态以及货物温湿度、油耗及车速等，物联网技术的使用能提高运输效率，提升整个物流行业的智能化水平。

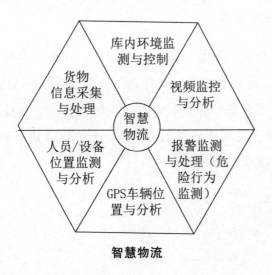

智慧物流

100. 智能安防

安全永远都是人们的一个基本需求，因此，安防是物联网的一大应用市场。 传统安防对人员的依赖性比较大，非常耗费人力，而智能安防能够通过设备实现智能判断。 目前，智能安防最核心的部分在于智能安防系统，该系统是对拍摄的图像进行传输与存储，并对其分析与处理。 一个完整的智能安防系统主要包括三大部分，门禁、报警和监控，行业中主要以视频监控为主。

烟感探测器

101. 智慧能源环保

智慧能源环保属于智慧城市的一个部分，其物联网应用主要集中在水能、电能、燃气、路灯等能源以及井盖、垃圾桶等环保装置领域。 如智慧井盖监测水位及其状态、智能水电表实现远程抄表、智能垃圾桶自动感应等。 将物联网技术应用于传统的水、电、光能设备进行联网，通过监测，提升利用效率，减少能源损耗。

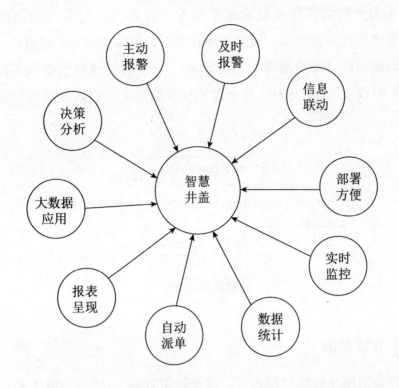

智慧井盖系统平台具有的优势

102. 智能医疗

在智能医疗领域，新技术的应用必须以人为中心。物联网技术是数据获取的主要途径，能有效地帮助医院实现对人的智能化管理和对物的智能化管理。对人的智能化管理指的是通过传感器对人的生理状态（如心跳频率、体力消耗、血压高低等）进行监测，主要指的是医疗可穿戴设备，将获取的数据记录到电子健康文件中，方便个人或医生查阅。除此之外，通过 RFID 技术还能对医疗设备、物品进行监控与管理，实现医疗设备、用品可视化，主要表现为数字化医院。

103. 智慧建筑

建筑是城市的基石，技术的进步促进了建筑的智能化发展，以物联网等新技术为主的智慧建筑越来越受到人们的关注。 建筑与物联网的结合,主要体现在节能方面,将设备进行感知、传输并实现远程监控,不仅能够节约能源同时减少运维的人员成本。 目前智慧建筑主要体现在用电照明、消防监测、智慧电梯、楼宇监测以及运用于古建筑领域的白蚁监测等方面。

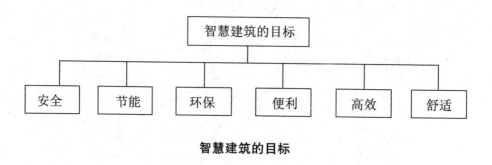

智慧建筑的目标

104. 智能制造

智能制造细分概念范围很广,涉及很多行业。 制造领域的市场体量巨大,是物联网的一个重要应用领域,主要体现在数字化以及智能化的工厂改造上,包括工厂机械设备监控和工厂的环境监控。 通过在设备上加装相应的传感器,使设备厂商可以远程随时随地对设备进行监控、升级和维护等操作,更好地了解产品的使用状况,完成产品全生命周期的信息收集,指导产品设计和售后服务;而厂房的环境主要是采集温湿度、烟感等信息。

105. 智慧零售

智慧零售是指运用互联网、物联网技术,感知消费习惯,预测消费趋势,引导生产制造,为消费者提供多样化、个性化的产品和服务。 实体零售和传统电商都需要变革,都需要线上线下融合。

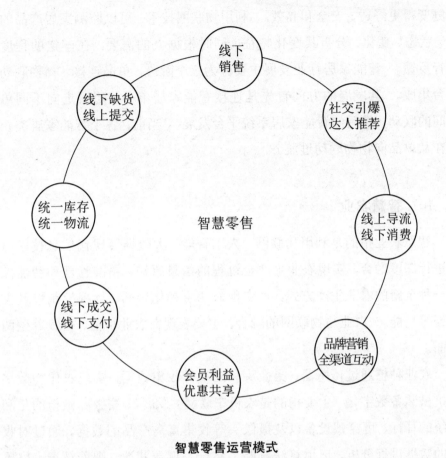

智慧零售运营模式

智慧零售的发展体现在三个方面，一是要拥抱时代技术，创新零售业态，变革流通渠道；二是要从 B2C 转向 C2B，实现大数据牵引零售；三是要运用社交化客服，实现个性服务和精准营销。

零售与物联网的结合体现在无人便利店和自动售货机。智能零售将零售领域的售货机、便利店做数字化处理，形成无人零售的模式，从而可以节省人力成本，提高经营效率。

106. 智能家居

智能家居指的是使用不同的方法和设备，来提高人们的生活能力，使家庭变得更舒适、安全和高效。 利用物联网技术，可以监测家居产品的位置、状态、变化，分析其变化特征，同时根据人的需要，在一定的程度上进行反馈。 智能家居行业发展主要分为三个阶段，单品连接、物物联动和平台集成。 其发展的方向首先是连接智能家居单品，随后走向不同单品之间的联动，最后向智能家居系统平台发展。 当前，各个智能家居类企业正在从单品向物物联动过渡。

107. 智慧农业

智慧农业指的是利用物联网、人工智能、大数据等现代信息技术与农业进行深度融合，实现农业生产全过程的信息感知、精准管理和智能控制的一种全新的农业生产方式，可实现农业可视化诊断、远程控制以及灾害预警等功能。 农业与物联网的融合，主要表现在农业种植、畜牧养殖两个方面。

农业种植通过传感器、摄像头和卫星等收集数据，实现农作物数字化和机械装备数字化（主要指的是农机车联网）发展。 畜牧养殖指的是利用传统的耳标、可穿戴设备以及摄像头等收集畜禽产品的数据，通过对收集到的数据进行分析，运用算法判断畜禽产品健康状况、喂养情况、位置信息以及发情期预测等，对其进行精准管理。

七、网络语言:互联网时代的话语体系

新词语反映了日新月异的技术和经济的快速发展。 现代社会网络逐渐深入人们的生活,网民们用来表达思想情感的方式也就与传统生活中人们的表达习惯产生了很大差异,大量令人感到新奇怪异的网络语言便自然而然地产生了。 百度、阿里、腾讯这几家企业使用的语言很多时候都是作为互联网行业的风向标,但是网络语言不是网络达人等"小众"的专利,而是成为网络内外"大众"共用、共有、共享的语言产品,求新求异的网络原住民们不断创造着属于他们自己的"分众"化交际符号和语言游戏。

108. 网站流量

我们通常说的网站流量是指网站的访问量,访问量可以用单位时间内访问这个网站的用户数以及用户浏览该网站网页数量等来衡量。 另一方面,流量也可以解释为:用户在访问网站过程中,产生的数据量大小,比如某页面有 2KB 汉字、18KB 的图片以及其他一些数据,那么我们访问这个网站页面时就至少产生了 20KB 的流量,这个流量在你打开网页的瞬间就已经产生了。 有一些虚拟空间商限制了网站流量大小,当超过某个流量该网站就不能访问了。 衡量网站流量的主要指标包括:独立访客数、总访问数、页面浏览数、用户在网页平均滞留时间等。

(1)UV

UV (Unique Visitor) 指独立访客,即访问某个站点或点击某条新闻的不同 IP 地址的人数。 在同一天内,UV 只记录第一次进入网站的具有独立 IP 的访问者,在同一天内再次访问该网站则不计数。

（2）PV

PV（Page View）指访问量，即页面浏览量或点击量，在一定统计周期内用户每次打开或刷新网页一次即被计算一次，通常是衡量一个网络新闻频道或网站甚至一条网络新闻的主要指标。例如，当我们打开一个网站，在其中查看了10篇文章，PV就记做10，如果反复刷新某个页面10次，PV同样为10，因此，每当我们刷新一次页面，网站的PV就增加1。

（3）IP

IP（Internet Protocol）指独立IP，独立IP数量。当有人真正浏览了一个网站而产生的IP，统称访问量。每台电脑只对应一个IP地址，所以可以理解为一个IP就是一个人，反映在统计上就是独立IP数量。每个IP能产生2个以上的PV，停留时间一般在20—60秒左右。

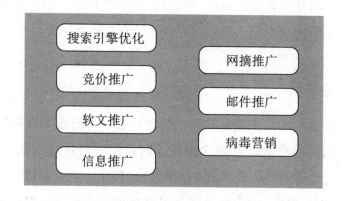

搜索引擎优化

竞价推广

软文推广

信息推广

网摘推广

邮件推广

病毒营销

网站流量提升方法

109. PGC 模式

PGC的全称为"Professionally Generated Content"，是专业制作内容（视频网站）和专家制作内容（微博）的互联网术语，用来泛指内容的个性化、视角的多样化、传播的民主化和社会关系的虚拟化。大多数专业视频网站使用PGC模型，因为模式分类更加专业，内容质量也更加有保障。

优酷、土豆是最早发力于PGC的视频网站之一。"合力成就、快乐分享"这是优酷最新提出的分享精神，让 PGC 内容合伙人参与进来，并建立起完善的 PGC 生态系统。 PGC 生态系统是一套从内容制作、内容推广、品牌形成、粉丝聚集等的生态闭环，最终使内容品牌得到粉丝的支持和自我推销。

110. UGC 模式

互联网术语，全称为"User Generated Content"，也就是用户生成内容的意思。 UGC 的概念最早起源于互联网领域，即用户将自己原创的内容通过互联网平台进行展示或者提供给其他用户。 UGC 是伴随着以提倡个性化为主要特点的 Web2.0 概念兴起的。 UGC 模式以 Web2.0 的博客、论坛为主要代表，任何一个用户都可以在平台上创造内容，供别人分享。 大众点评、马蜂窝、豆瓣等也是 UGC 模式的代表。

在互联网中，以 UGC 为代表的网站如各大论坛、博客和微博客站点，其内容均由用户自行创作，管理人员只是协调和维护秩序；而 PGC 则在各大网站中都有身影，由于其既能共享高质量的内容，同时网站提供商又无须为此给付报酬，因此，UGC 站点很欢迎 PGC。 显然，PGC 是稀缺的，由于内容的生产是需要成本的，不给付报酬是难以为继的，所以无论是以内容提供见长的新闻站点、视频网站，还是以互动服务见长的社区、社交站点，都努力争取更多的 PGC。

111. OGC 模式

OGC（Occupationally-generated Content，职业生产内容）通过具有一定知识和专业背景的行业人士生产内容，并领取相应报酬。 那么，如何区分 OGC 和 PGC 呢？ 生产内容的用户领取报酬的模式属于 OGC，例如一个企业的官方网站，内容主要靠这个公司的职工进行采写，生产出来供用户浏览，这是典型的 OGC。 如果是具有专业背景的用户出于爱好在网站上分享自己的见解，这种分享完全是自发的，也不求回报，则是典型的 PGC 模式，知乎、果壳网等是 PGC 模式的代表。

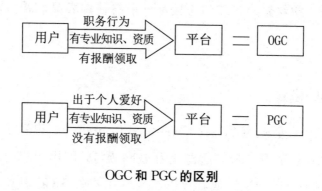

OGC 和 PGC 的区别

112. 认识 MCN

MCN（Multi-Channel Network）是一种多频道网络的产品形态，将 PGC 内容联合起来，在资本的有力支持下，保障内容的持续输出，从而最终实现商业的稳定变现。简而言之，MCN 就是内容创作从个体户的生产模式到规模化科学化系列化的公司制生产模式。所有有能力和资源帮助内容生产者的公司都可以被称为 MCN。

按照主要业务组成划分的 MCN 机构

主要的 MCN 机构	业务侧重点
Papitube、华星酷娱、洋葱视频、门牙视频	以短视频及衍生广告为主
无忧传媒、愿景娱乐、OST 娱乐、华星璀璨	短视频和直播业务并重
小象互娱、大鹅文化、炫石互娱、话社娱乐	以直播变现为主
谦寻、如涵控股、遥望网络	以电商业务变现为主

MCN 并不是最近产生的，它已经发展了很长时间了，起源于国外成熟的网红经济运作，近年来才传到中国。随着短视频的火爆，人们也逐步知道了 MCN。像"办公室小野"那个用饮水机煮火锅的人以及 papi 酱都

可以算是 MCN。 国内主要的 MCN 机构有北京锋巢信息技术有限公司、北京头条易科技有限公司、成都华星璀璨娱乐有限公司、杭州微念科技有限公司、中广天择传媒、北京新片场传媒股份有限公司、北京青藤文化股份有限公司、北京橘子文化传媒有限公司、杭州如涵文化传播有限公司、厦门飞博共创网络科技股份有限公司等。

113. KOL 的概念

关键意见领袖，全称为 "Key Opinion Leader"，缩写为 "KOL"，即拥有更多、更准确的产品信息，且为相关群体所接受或信任，并对该群体的购买行为有较大影响力的人。 KOL 基本上就是在微博等平台有话语权的人，也就是我们常说的微博红人之类的，这些人在一些行业可能是专业的或者是非常有经验的，所以他们的话语通常都能够令其粉丝信服。

KOL 有三个方面的特征。 第一，持久介入特征。 KOL 对某类产品较之群体中的其他人有着更为长期和深入的介入，因此对产品更了解，有更广的信息来源、更多的知识和更丰富的经验。 第二，人际沟通特征。 KOL 较常人更合群和健谈，他们具有极强的社交能力和人际沟通技巧，且积极参加各类活动，善于交朋结友，喜欢高谈阔论，是群体的舆论中心和信息发布中心，对他人有强大的感染力。 第三，性格特征。 KOL 观念开放，接受新事物快，关心时尚、流行趋势的变化，愿意优先使用新产品。

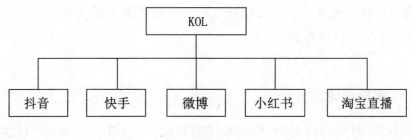

KOL 主要分布平台

目前最强带货的 KOL 主要分布在抖音、快手、微博、小红书和淘宝直播这五个平台上。各个平台的用户特性，导致 KOL 在具体的带货商品上存在一些差别。

(1)抖音

抖音作为现在最受欢迎的短视频平台之一，其用户大多是女性用户，而且年龄大都在 25 岁以下。这些用户比较容易接受也很喜欢一些新的形式。穿搭时尚、家居生活、母婴和美食等品类非常适合在抖音上面进行营销。

(2)快手

快手和抖音一样是现在很受欢迎的短视频平台，只不过有所区别的是抖音上面女性用户居多，而在快手上面是男性用户占多数。在快手上 KOL 适合带货的是大众品牌，像零食、美妆、服饰、农副产品等都是很不错的选择。

(3)小红书

小红书之所以被认为是非常适合 KOL 营销的一个平台，是因为小红书上面的女性用户占据了绝大多数，KOL 在小红书里主要的带货商品是时尚消费品、高端消费品、美妆日用品等。

(4)淘宝直播

淘宝直播于 2016 年开通，是直播带货风气的发源地。淘宝直播最大的带货品类是服装，其次是美妆，再次是母婴、美食、珠宝等。淘宝直播的主流用户群普遍是一些三四线城市有一定消费能力的女性，年龄一般不会太大，学生和白领都有。

114. 弹幕评论

Web4.0 时代的到来和 5G 新技术的兴起，以及在三网融合、自媒体等新语境背景下，弹幕评论成为互联网时代独特的文艺评论新样式。弹幕最早出现在弹幕视频网站，又陆续现身于主要视频网站，并用"弹幕电影"的新身份堂而皇之地登上了电影大银幕，形成一种新的观影形式和评论样态，成为继点击率、收视率、上座率之外的又一隐性评价体制。

现在弹幕评论不再是二次元文化的专属名词，而成为大众传媒时代的标准配置。它的使用日渐生活化和常态化，成为视觉文化中的一股新生力量，跨越时空限制、交流阻隔和认知沟壑，形成一幅全民参与的互联网文艺评论新图景。

115. 众筹模式

众筹即大众筹资或群众筹资，是指用团购+预购的形式，向网友募集项目资金的模式，由发起人、跟投人、平台构成。众筹利用互联网和社交网络平台传播的特性，让小企业、艺术家或个人对公众展示他们的创意，争取大家的关注和支持，进而获得所需要的资金援助。

众筹模式分为债权众筹、股权众筹、回报众筹和捐赠众筹，其中股权众筹是目前最受关注的模式之一，目前，国内的众筹模式主要有以下几种：(1)债权众筹，它是指投资者对项目或公司进行投资，获得其一定比例的债权，未来获取利息收益并收回本金；(2)股权众筹，投资者对项目或公司进行投资，获得其一定比例的股权；(3)回报众筹，投资者对项目或公司进行投资，获得产品或服务；(4)捐赠众筹，投资者对项目或公司进行无偿捐赠。

发起人是有创造能力但缺乏资金的人，或者是需快速出售产品的人；支持者是对筹资者的故事和回报感兴趣的，有能力支持的人；平台是连接发起人和支持者的互联网终端。众筹具有低门槛、多样性、依靠大众力量、注重创意的特征，一般而言是通过网络上的平台联结起赞助者与提案者。群众募资被用来支持各种活动，包含灾害重建、民间集资、竞选活动、创业募资、艺术创作、自由软件、设计发明、科学研究以及公共专案等。

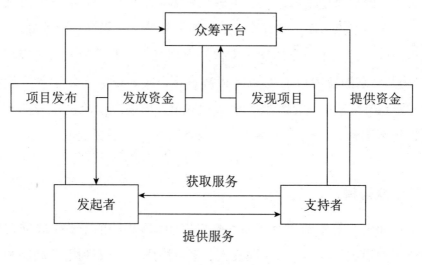

众筹流程图

116. 一键三连

一键三连界面

如今，在文化社区哔哩哔哩（以下简称为 B 站）的弹幕上经常会出现

"一键三连"这个词。"一键三连"是 B 站推出的一种新的支持 up 主（在一些网站上传视频的人）的一种方式，以往都是点赞、投币、收藏分开的，现在直接长按就可以实现三个键同时支持。

具体操作如下：（1）在手机桌面打开哔哩哔哩；（2）在哔哩哔哩首页，点击底部"动态"；（3）在动态界面，点击"视频"；（4）在视频页面，选择想一键三连的视频；（5）在视频主页，长按"点赞"；（6）长按完成，看到下方"三连推荐成功"即可。

117. 私域流量

私域流量是指不用付费，可以在任意时间，任意频次，直接触达到用户的渠道，也就是 KOC（关键意见消费者）可辐射到的圈层，是一个社交电商领域的概念。私域流量具有三大特征：为自己所有、反复触达、可以免费使用。而公域流量则相反，其特征是：为平台所有，需要付费使用，一次性使用。从平台角度讲，私域流量常见例子有公众号、微信群、个人号、小红书、微店；公域流量有百度、淘宝、京东等。

118. 互联网闭环

互联网服务归根结底就是三项内容，即平台（能提供一个针对需求的服务平台）、连接（信息能够双向连接，也就是发布和引流）、转化（能够直接转化需求，也就是完成交易或得到信息或者是获取服务）。所谓互联网闭环，就是为用户的一个需求，从平台到连接再到转化能提供出一个完整的服务流程。通俗地讲，互联网闭环是指整个这三项服务流程都能在一个平台上搞定。如果需要借助外力，那么这个平台就是闭环外化或是闭环缺失。如果一个平台不能自己独立完成三项服务流程的，那么就是假闭环。

互联网闭环规模

互联网闭环规模可以分为站点、平台、生态三类，并呈金字塔状。 淘宝、百度、微博、微信、今日头条是目前在国内提供生态化服务成功的案例。 新浪、搜狐、网易、58 同城、优酷提供的互联网服务更趋向于平台级的。 更多的是站点级的，例如新闻网站、政府网站、企业网站。 站点级、平台级、生态级的服务机构都可以提供闭环服务。

119. BAT 三巨头

BAT，B 指的是百度，A 是指阿里巴巴，T 指的是腾讯，是中国三大互联网公司（Baidu）、阿里巴巴（Alibaba）、腾讯公司（Tencent）首字母的缩写。 百度总部在北京，阿里巴巴总部在杭州，腾讯总部在深圳。

百度界面

淘宝网界面

腾讯网界面

百度以搜索引擎为支撑，在探索新业务方向时，主要以战略投资为主，形式多为收购和控股，这样一方面可以引进人才，另一方面可以卡位新的业务。阿里侧重于构筑完善的电子商务生态链，覆盖物流、数据服务、电商的交易支付、供应链金融等领域。腾讯更多的是采用开放平台战略，特别是对相对不熟悉的领域，游戏领域一直是腾讯投资的重点。

120. 中台的定义

在现代，中台和前台、后台对应，指的是在一些系统中，被共用的中间件的集合。常见于网站架构、金融系统。中台更多是指因公司业务在发展到某一阶段时，遇到瓶颈与障碍后，为解决实际问题而提出的解决方案。中台概念火起来，直接的导火索是近一年来互联网等大小巨头的摇旗呐喊。

2018年下半年开始，以中台战略为核心的组织变革浪潮席卷互联网圈，与各巨头高调转型要约收购同步发生，"你方唱罢我登场"。

2018年9月，腾讯宣布新成立云与智慧产业事业群（CSIG）和技术委

135

员会,后者将负责打造技术中台。

2018 年 11 月,阿里云事业群升级为阿里云与智能事业群,并开始对外输出中台能力。 同月,美团被曝正在打通大众点评、摩拜等各业务间的数据,构建数据中台。

2018 年 12 月,百度调整组织架构,百度首席技术官 CTO 王海峰同时负责基础技术体系(TG)和 AI 技术平台体系(AIG)。 此后,王海峰在公开场合表示,打造技术中台是百度调整组织架构的战略方向之一。

2018 年 12 月,京东进行有史以来最大组织架构调整,增设中台部门,京东商城 CEO 徐雷还在之前年会上强调:要将中台提升为"永不停歇"的超级引擎。

2019 年 3 月,字节跳动被曝正在搭建"直播中台",抖音、西瓜、火山视频 3 款 APP 未来将共用技术和运营团队。

和云计算一样,这一回合,阿里巴巴又担当了新概念的"鼻祖",是中国乃至世界第一家系统地践行了中台战略的大型互联网公司。

一切的起因是源于 2014 年马云的一次欧洲之旅,他在参观了开发出《部落冲突》《皇室战争》等手游的芬兰公司 Supercell(超级细胞)后,马云有了一个新奇的发现:Supercell 并不像大多数游戏厂商那样,按不同游戏划分开发、运营团队,而是多款游戏共用开发。 这种做法在 Supercell 被称作"中台"。

Supercell 启发了马云。 彼时,阿里内部已出现不同业务线"重复造轮子",资源利用率低的问题。 马云当机立断,全面推广"中台"战略。

2015 年 12 月 7 日,时任阿里巴巴集团 CEO 的张勇写了一封内部信:"今天起,我们全面启动阿里巴巴集团中台战略,构建符合 DT 时代的更创新灵活的'大中台、小前台'组织机制和业务机制。"这成为证明阿里强战略性的又一广为人道的理念。 经过最初的摸索,阿里将中台定型为三个部分:技术中台、数据中台和业务中台。

阿里的中台有多厉害? 2016 年,阿里巴巴公共数据平台负责人罗金鹏给出了这样的说法——"阿里巴巴数据中台统一处理集团近千 PB 数据，每天被扫描的数据量相当于 2000 万部高清电影。目前对外服务千万商家和其他生态伙伴，对内服务上万名小二，2015 年双十一当天平台调用超过 75 亿次。"

因此，中台可以总结为一种思想，一种体系。其可以快速聚合后台的数据与能力，通过平台的快速开发、分析、服务编排等，提供前台更多的创新能力、试错能力。中台的本质是对后台系统功能和数据的解耦、重构与复用。

121. 去中心化

去中心化，就是把"中心"给去掉，没有固定的中心。所有人都是中心，所有人也都不是中心。你做的事情我也可以做，我做的事情你也能做。大家人人平等，根据实力定胜负。这就是"去中心化"。

"去中心化"并不是一个新鲜的词语，早在很多年前 Web2.0 这个概念刚刚兴起前就有了很多信奉者与实践者。相对于早期的互联网（Web1.0）时代，Web2.0 内容不再是由专业网站或特定人群所产生，而是由权级平等的全体网民共同参与、共同创造的结果。任何人都可以在网络上表达自己的观点或创造原创的内容，共同生产信息。例如，PC 时代红极一时的豆瓣网，就是去中心化的代表。

122. 互联网高层

在互联网公司，我们经常会看到诸如 CEO、CFO、CTO、COO 等这样的名称，可是 CEO、CFO、CTO、COO 是什么意思呢？CEO、CFO、CTO、COO 都是一些职务名称。

CEO 是 "Chief Executive Officer" 的缩写，即首席执行官。可以理解为是企业领导人和职业经理人两种身份的合一，通常也是董事会成员之一，在公司有最终的执行、经营、管理和决策的权利。在较小的企业中

CEO 可能同时是董事会主席和总裁，大公司中通常不会由同一人承担，以免权力过大。

CTO 是 "Chief technology officer" 的缩写，即首席技术官。 类似总工程师，是技术方面的专家，掌握公司的核心技术，并可以带领团队开发，或者使用新技术来帮助公司达到目标。 当技术日益成为影响企业的重要因素时，CTO 的地位也日渐提升，成为对企业发展起决定性作用的人，特别是在互联网企业里，拥有核心技术和核心技术人员是非常重要的。

CFO 是 "Chief financial officer" 的缩写，即首席财务官。 CFO 又称 "财务总监"，负责公司财务相关事务，如果公司上市就应当是由首席财务官全权负责。 一般认为事前、事中、事后不同阶段，CFO 都要进行财务方面的管理和监督。

COO 是 "Chief Operation Officer" 的缩写，即首席运营官。 COO 又称运营总监，是公司里负责监督管理每日活动的人员，监管公司日常运作，直接向 CEO 汇报，常兼任副总裁职位。 COO 对公司经营进行计划、建议和调度，对于职能部门进行指导及考核。 此外，COO 对公司中长期发展规划负有组织和推动责任。

此外，常见的高管职位还有 CBO（首席品牌官）、CHO（首席人事官）、CNO（首席谈判官）、CPO（首席公关）、CQO（首席质量官）等，在公司中分管不同领域，发挥各自职能。

下　篇

公职人员网事实务篇

八、网络思维：公职人员要与"网"俱进

所谓网络思维，即运用网络的范式、方法、工具来提出问题、分析问题、解决问题的思维方式。 随着网络技术的飞跃式发展，人们的生活习惯、行为习惯、思维习惯正在发生着颠覆式的改变，公职人员亦是如此。站在新的历史起点，身处新的历史方位，公职人员如果不善于运用互联网思维去推动工作，便难以迎接新挑战、解决新问题。 在互联网时代，公职人员要顺应趋势、革新思维，整合资源、强化民生，善用互联网思维推进各项工作，与"网"共进，努力做到自我净化、自我提高。

123. 树立互联网思维

思维方式是看待事物的角度、方式和方法，它对人们的言行起决定性作用。 思维方式影响一个人的言行，言行影响一个人的选择，选择影响事情的成败。 公职人员要想与"网"共进，就必须树立互联网思维。

那么，互联网思维是一种什么样的思维呢？

第一，互联网思维是一种高度重视互联网的思维。 倡导互联网思维，就是倡导人们重视互联网：认真学习互联网知识，努力掌握互联网特点，充分了解互联网作用，清晰认识互联网对生产生活带来的变革甚至是颠覆，改变对互联网漠不关心、一无所知、不求甚解的态度。

第二，互联网思维是一种力求适应互联网的思维。 机关推行无纸化办公，参观采取网上申请，购物在网上进行，研究项目通过网上招标……所有这些，只有适应，才有可能；如不适应，一切可能都关上了大门。 在

互联网时代,每一个人都要学会适应互联网;如果不适应,自己的工作舞台、生活空间、自身的意义和价值,只能萎缩,难以拓展。

互联网进入大规模应用时期以来,几乎对所有传统行业和管理模式都形成了巨大冲击:传统出租车业、金融业、商业、制造业、物流业、出版业、医疗业、教育行业、垄断行业……使不少行业和企业陷入困境,同时,互联网应用本身存在着诸如假冒伪劣、信息垄断、侵犯隐私、宣传过头等问题。于是,批评、谴责、要求限制互联网的声音也此起彼伏。这些声音所反映的互联网的问题值得重视,但对互联网的义愤和要求限制的心态,折射的恰恰是对互联网的不适应,需要通过强化互联网思维去加以改变。

第三,互联网思维是一种利用互联网的思维。它驱使人们积极主动地思考如何利用互联网作为新型工具服务于自己的创造性劳动。是不是借助互联网,在一定意义上成了传统管理与智慧管理、传统产业与新型产业、传统销售与现代销售、传统金融与现代金融的分水岭。

第四,互联网思维是一种大数据思维。数据是对客观世界的测量和记录。在互联网时代,数据就是资源、财富、竞争力。收集数据、积累数据、分析数据,据大数据思考,靠大数据决策,用大数据立业,就是大数据思维。众包、众筹、共享经济,都是大数据思维的产物。办理一笔贷款,传统银行的考察、论证、决策,要花几个月乃至更多时间,而基于淘宝卖家的营销数据,互联网银行就可以知道商家的利润率,从而对有能力偿还的商家果断提供贷款,快速一秒到账,而且坏账率非常低,这是传统银行无法做到的。

124. 一网、一门、一次

"一网、一门、一次"是党中央、国务院为加快转变政府职能、推进审批服务便民化、政务信息系统整合共享等工作提出的实施方案,具体指企业和群众线上办事"一网通办"、线下办事"只进一扇门"、现场办理"最多跑一次"。

"一网通办",要求充分利用"互联网+",整合网上服务资源,连通各个网上办事渠道,逐步构建多渠道、多形式相结合、相统一的政务服务"一张网"。"只进一扇门",要求大力推进政务服务集中办理,实现"多门"变"一门",促进政务服务线上线下集成融合,不断提升政府服务效能。"最多跑一次",要求以企业群众办事"少跑腿"为目标,精简办事材料和环节,推动政务服务入口全面向基层延伸。实现"一网、一门、一次",前台要以面向公众服务为中心,充分体现企业群众办事需求,后台要以数据共享为中心,构建"三融五跨"的支撑体系,为前台服务质量提供保障。

125. 政务信息共享成效

自 2017 年以来,依托国家电子政务外网,政务信息系统整合共享已经取得积极成效。第一,"网络通"基本实现。国家电子政务外网省、地市、县纵向覆盖率分别为 100%、100% 和 96.1%,中央层面接入 148 个中央政务部门和相关单位,地方层面接入 24.4 万个机构,各级政务大厅(服务中心)接入 1967 个。第二,重点领域实现"数据通"。国务院部门第一批数据共享责任清单确定的 16 个部门 69 项信息 694 个数据项,已经可以通过共享平台提供服务。国家数据共享交换平台汇聚发布中央部门共享目录 15052 条,发布地方共享目录 47.35 万条,发布服务接口 530 个。第三,"业务通"取得初步成效。国家发改委信用信息、公安部人口基础信息、市场监管总局企业基础信息、教育部学籍学历学位信息等提供查询/核验服务 567.32 万次,提供数据交换 322.32 亿条;在学籍学位学历认证、企业工商登记、不动产登记、精准扶贫、职业资格认定等 20 个重点领域 30 个试点开展示范应用,试点地区、部门与国家数据共享交换平台体系的数据对接，促进"纵横联动"和"放管服"改革在重点领域落地见效。

2018年1月22日，作为政务信息系统整合共享工作推进落实领导小组组长单位的国家发改委，宣布全国信息共享"大动脉"已经初步打通，实现了71个部门、31个地方与国家共享交换平台的对接，建立了数据共享"大通道"，构建了涵盖47万项目录的数据资源体系，打通了40余个国务院部门垂直信息系统，共享了超600个数据项，推动重点领域数据基于共享网站提供查询核验服务，初步实现16个重点领域的"数据通""业务通"，试点推进公共数据服务，推进信息共享体制机制和技术创新。

未来的政务信息系统整合共享工作将围绕加快推动实现"一网、一门、一次"目标，在完善平台体系、拓展共享应用、完善制度流程、强化安全管理等重点领域加强工作，持续深入推进"数据通""业务通"，让数据多跑路，群众少跑腿，充分发挥政务信息资源共享在深化改革、转变职能、创新管理中的重要作用。

126. 新型基础设施建设

新型基础设施建设，简称为"新基建"，主要包括5G基站建设、特高压、城际高速铁路和城市轨道交通、新能源汽车充电桩、大数据中心、人工智能、工业互联网七大领域，涉及诸多产业链，是以新发展理念为引领，以技术创新为驱动，以信息网络为基础，面向高质量发展需要，提供数字转型、智能升级、融合创新等服务的基础设施体系。

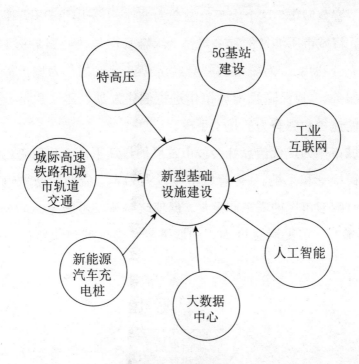

新型基础设施建设

"新基建"之新，新在发展理念，新在扩大有效投资、赋能新经济发展的重要手段。2020年的政府工作报告中，"新基建"位列投资重点支持的"两新一重"（新型基础设施建设，新型城镇化建设，交通、水利等重大工程建设）之列，处于既促消费、惠民生，又调结构、增后劲的重要战略地位。

国家统计局发布的数据显示，2020年1月至4月，计算机及办公设备制造业投资增长15.4%，科技成果转化服务业投资增长28.0%，专业技术服务业投资增长12.5%。"新基建"相关领域在疫情冲击下逆势而上，其带来的数字化生产力正迅速转化为经济复苏的驱动力。

127. 建设智慧城市

智慧城市是指在一个城市中将政府职能、城市管理、社会服务、工业经济通过"智慧城市"这个大平台融合为一体。采用信息化、物联化、智能化科技，将城市所涉及的社会经济、综合管理与社会服务资源，进行全面整合和充分利用。为城市的社会经济可持续发展，为城市综合管理和社会民生服务。为保障我国城镇化进程健康发展，建立和谐社会提供一个可实施的途径和强有力的技术手段。

智慧城市作为现代信息社会城市发展的最新形态，其理念已被大多数地区和居民接受和采纳。智慧城市应以人为本，借助智慧城市技术主动征询并及时响应市民的需求和意见，促使政府从发号施令的命令者转型为以民生为本、以市民满意度为本的服务者，实现城市决策的人性化和高效率。

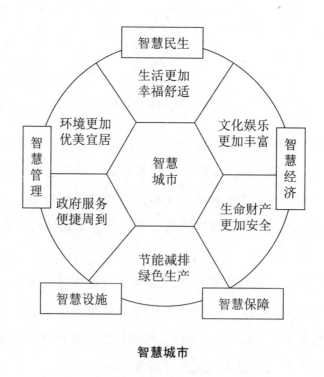

智慧城市

128. 认识工业互联网

工业互联网是连接工业全系统、全产业链、全价值链，支撑工业智能化发展的关键基础设施，是新一代信息技术与制造业深度融合所形成的新兴业态和应用模式，是互联网从消费领域向生产领域、从虚拟经济向实体经济拓展的核心载体。

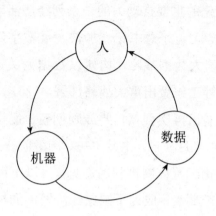

工业互联网的三要素

通俗地讲，工业互联网就是通过开放的、全球化的通信网络平台，把设备、生产线、员工、工厂、仓库、供应商、产品和客户紧密地连接起来，共享工业生产全流程的各种要素资源，使其数字化、网络化、自动化、智能化，从而实现效率提升和成本降低。

党的十九大报告指出，加快建设制造强国，加快发展先进制造业，推动互联网、大数据、人工智能和实体经济深度融合。我国是世界第一制造大国，拥有最全的制造业门类，抓住数字化、网络化、智能化的机遇，发展自主可控的工业云操作系统，推动工业互联网技术、产品、平台和服务"引进来"和"走出去"，加速工业互联网全球协同发展，我们就有可能掌握新一轮工业革命主导权，推动我国工业转型升级，实现从制造大国向制造强国的飞跃。

129. 发展数字经济

"数字经济"这一术语最早出现于20世纪90年代。1996年，美国学者唐·泰普斯科特在《数据时代的经济学》一书中正式提出了"数字经济"的概念。 数字经济就是指以使用数字化的知识和信息作为关键生产要素、以现代信息网络作为重要载体、以信息通信技术的有效使用作为效率提升和经济结构优化的重要推动力的一系列经济活动。

党的十九大以来，习近平总书记就加快发展数字经济发表了一系列重要讲话，对"实施国家大数据战略，构建以数据为关键要素的数字经济，加快建设数字中国"等工作做出重大战略部署。 2018年11月在G20阿根廷峰会上，习近平总书记再次强调，要鼓励创新，促进数字经济和实体经济深度融合。 2020年4月9日，中共中央、国务院正式发布了《关于构建更加完善的要素市场化配置体制机制的意见》（以下简称"《意见》"）。数据作为一种新型生产要素，成为了国家经济发展的核心动能之一。 《意见》提出，要推进政府数据开放共享，提升社会数据资源价值，加强数据资源整合和安全保护并强调引导培育大数据交易市场，为未来我国数字经济的长期发展指明了方向。

当前，人类正在面临千年未有之大变局，数字经济已然对全球社会经济生活的各个方面产生颠覆性影响。 以区块链、人工智能、大数据、5G、物联网等为代表的新技术应用的广度与深度不断拓展，社会经济生活正从"生产大爆炸"向"交易大爆炸"加快转型，各种新技术、新业态、新组织、新产业不断涌现。 借助上述数字技术，实现了全球数据大爆发，并使其成为当前人类社会发展最重要的生产要素之一。

新冠肺炎疫情肆虐之际，正值全球数字经济高速发展之时。 此次新冠肺炎疫情虽然给人类社会造成巨大损失，但也起到了"催化剂"和"加速器"的作用，使人类加速迈入数字经济时代。 工业时代的全球化遭遇滑铁卢，但是以数字全球化为核心的新一轮全球化在加速推进。

130.建设数字政府

数字政府通常是指建立在互联网上、以数据为主体的虚拟政府。 数字政府是一种新型政府运行模式,它以新一代信息技术为支撑,以"业务数据化、数据业务化"为着力点,通过数据驱动重塑政务信息化管理架构、业务架构和组织架构,形成"用数据决策、数据服务、数据创新"的现代化治理模式。数字政府既是互联网+政务深度发展的结果,也是大数据时代政府自觉转型升级的必然。

数字政府具有以下几个特征:(1)动态化特征,数字政府形态是在数据驱动下动态发展、不断演进;(2)数据化特征,将有关政府的各种资源和业务都进行数据化;(3)精准化特征,形成"无须等待、随时出发、千人千面"的服务格局;(4)移动化特征,以移动政务办公平台加强内部组织管理与协同;(5)平台化特征,平台架构是推动政府完成"数字化转型"的关键;(6)系统化特征,跨层级、跨地域、跨部门、跨系统、跨业务的协同管理与服务;(7)智能化特征,智能化治理是政府应对社会治理主体多元、治理环境复杂、治理内容多样等趋势的关键途径。

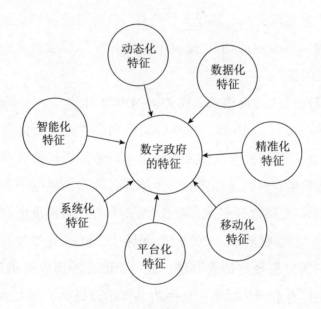

数字政府的特征

截至 2019 年 11 月，我国已有 10 个省级地方政府出台并公开数字政府规划计划；全国政府网站数量集约至 2019 年 12 月初的 1.45 万家；多地统筹建成全省政务服务 APP；交通部、生态环境部、广东、山东等部门、地方推进政府数据向社会开放。多地通过创新政务服务，力争让百姓办事像网购一样方便。上海、浙江等地深化一体化在线政务服务体系，打通部门界限、优化业务流程，为企业群众提供集成服务；浙江、江西联合推进跨区域数据共享，实现身份证等 11 本证照跨省互认；福建、广东等地开发集约化的移动端 APP 或微信小程序，实现办事服务"掌上办""指尖办"。

131. 发展跨境电商

内需市场的巨大容量和互联网的发展，让国内消费者逐渐养成了通过跨境电商"海淘"的习惯。跨境电商是基于网络发展起来的，跨境电商是跨境电子商务的简称。跨境电子商务是指分属不同关境的交易主体，通过电子商务平台达成交易、进行支付结算，并通过跨境物流送达商品、完成交易的一种国际商业活动。跨境电商作为国际贸易新业态，使国际贸易走向了"无国界"。

跨境电商现已成为促销费、稳外贸的重要力量。一是跨境电商促进消费作用持续凸显。2019 年，在明确跨境电商"按个人自用进境物品监管"性质、降低行邮税税率及扩大跨境电子商务综合试验区等多项利好政策推动下，跨境电商保持高速增长，全年通过海关跨境电子商务管理平台零售进出口总额达 1862.1 亿元，增长 38.3%。二是跨境电商助力品牌出海，推动外贸"稳中提质"。2019 年，国务院出台"无票免税"政策和更加便利企业的所得税核定征收办法，进一步助力跨境电商出口。日趋成熟的跨境电商产业和国内制造业体系为品牌出海提供了强大助力，多个传统制造商及电商品牌先后走向全球市场，在推动外贸转型升级的同时进一步提升了我国品牌的国际形象。数据显示，2019 年中国品牌出海 50 强中,跨境电商品牌占9席,部分品牌影响力甚至超越传统知名品牌,体现出电子商务对制造业转型升级和品牌建设的积极作用。

跨境电商对经济的重要作用不言而喻,但在鼓励和引导发展的同时,也应加强对跨境电商的监管。据国家市场监管总局统计,近年来,涉及跨境电商的投诉举报呈直线上升态势,其中奶粉、食品、尿不湿、保健品和化妆品等产品的投诉量最高。如何让消费者"淘"得放心,是跨境电商必须回答的问题。对此,《电子商务法》明确,电商经营者从事跨境电子商务,应当遵守有关进出口监督管理的法律、行政法规。国务院常务会议也明确,将按照包容审慎监管原则,依法加强跨境电商企业、平台和支付、物流服务商等责任落实,强化商品质量安全监测和风险防控。

132. 发展共享经济

共享经济最早由美国得克萨斯州立大学社会学教授马科斯·费尔逊和伊利诺伊大学社会学教授琼·斯潘思于1978年发表的论文中提出。共享经济,一般是指以获得一定报酬为主要目的,基于陌生人且存在物品使用权暂时转移的一种新的经济模式。

共享经济与传统经济的比较

类型\区别	共享经济	传统经济
资源占有方式	共享	独占
所有权和使用权关系	所有权和使用权分离	所有权和使用权合一
商品交换模式	消费者—互联网平台—消费者	消费者—企业
生产和消费关系	既是生产者,也是消费者	生产者或消费者
就业模式	接入互联网平台就可就业(自由职业者)	受雇于某个单位
工作时间	灵活安排时间	在规定的时间内工作

共享经济的本质是整合线下的闲散物品或服务者。 对于供给方来说,通过在特定时间内让渡物品的使用权或提供服务,来获得一定的金钱回报;对需求方而言,不直接拥有物品的所有权,而是通过租、借等共享的方式使用物品。 共享经济的代表性领域有交通出行、闲置品、服务、房屋、物流。 我们常见的共享经济平台有滴滴、咸鱼、猪八戒、爱彼迎、云鸟等。

133. 发展智慧党建

"智慧党建"是运用互联网、大数据等新一代信息技术,实现党建信息资源融合共享,提高党建工作的自动化、智能化程度。 发展智慧党建,有利于提高党建工作效率,提高党建科学化、精准化水平。

智慧党建历经电子党建、网站党建发展而来。 第一阶段为电子党建(1994—1999年),以电子政务为基础,借助电脑、电子邮件等开展电子党务、提高办公效率,推动党务工作信息化、网络化。 第二阶段为网站党建(2000—2009年),是基于互联网和 Web 网页技术,建立党建的门户网站,定期发布党建新闻、政策、公告,以供广大党员上网查阅学习。 第三阶段为智慧党建(2010年至今),是基于移动互联网技术,实现党建的数字化、移动化、在线化和智能化。

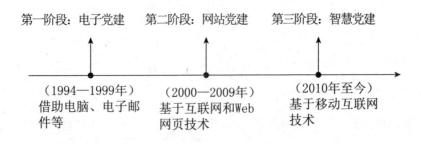

我国党建信息化的三个阶段

当前,随着移动互联网和智能终端的迅猛发展,如何让新技术"牵手"党的建设,让智慧党建更好服务党员教育管理工作,成为新时代给予党建工作的新课题。"学习强国 APP"就是智慧党建学习平台中的一个典型代表,它于 2019 年 1 月 1 日正式上线,是党中央宣传部下发的一款智慧党建 APP。学习强国 APP 具备的特色及功能有:

(1)丰富的学习资源。打造权威的思想库、完整的核心数据库、丰富的文化资源库以及智能学习行为分析系统、学习生态系统、学习服务系统。

(2)各类学习强国号。多家中央主要单位新媒体第一时间提供原创优质学习资源,支持个性化订阅。

(3)海量音视频学习。广大党员可以在第一频道、短视频、慕课、影视剧、纪录片等源源不断提供的海量音视频中,收获良好的学习体验。

(4)支持在线答题。广大党员可以通过 APP 提供的文字题、音频题、视频题以及每周一答、智能答题、专题考试来巩固所学知识。

(5)获得学习积分。广大党员通过每日登录、浏览资讯、学习知识、挑战答题、收藏分享都会获得学习积分。

学习强国 APP 不仅仅是一个让党员学习党中央思想的产品,它更是一款适合普罗大众的学习产品,让智慧党建 APP 开发有了更好地群众基础。在信息技术日益发展的今天,党建工作必须适应信息化发展新常态,运用互联网、移动手机终端、电视媒体等现代信息技术手段,打造移动互联网服务平台,使党员教育工作实现由传统服务到智能服务的创新提升。

134.旗帜网的上线

由中央和国家机关工委主管,原中直党建网、紫光阁网、中直机关党校门户网站和干部学习网整合组建而成的旗帜网于 2018 年 12 月 17 日正式上线,是中央和国家机关党建门户网站。中央和国家机关工委高度重视信息化发展对机关党建的影响,积极探索"互联网＋机关党建"的新途径、新模式。 旗帜网的创建,就是为了更好地适应互联网发展的需要。

旗帜网

旗帜网是各级机关党组织、公职人员和党务工作者共同的网上精神家园。 网站运用文字、图片、动漫、微视频等形式直观生动地展示机关党建成果,为广大党员提供及时、权威、准确的机关党建信息服务,让党的旗帜在互联网上高高飘扬。

在栏目设置上,旗帜网分为内容宣传和管理服务两大类。 内容宣传方面,包括"深入学习贯彻习近平新时代中国特色社会主义思想"长期特设专题,"今日要闻""中央精神""工委工作"等13个频道,下设33个二级栏目。 管理服务方面,强调互动性和实用性,设有"工委子站""党建资料库""党建业务通"等9个版块。

135. 网络扶贫任务

网络扶贫工作要坚持以习近平新时代中国特色社会主义思想为指导,深入贯彻落实习近平总书记关于扶贫工作的重要论述,认真落实《中共中央国务院关于打赢脱贫攻坚战三年行动的指导意见》,围绕解决"两不愁三保障"突出问题，聚焦深度贫困地区、特殊贫困群体和建档立卡贫困户，充分发掘互联网和信息化在精准脱贫中的潜力，扎实推动网络扶贫行动向纵深发展，不断激发贫困地区和贫困群众自我发展的内生动力，为打赢脱贫攻坚战作出新的更大贡献。中央网信办、国家发展改革委、国务院扶贫办、工业和信息化部联合印发的《2019 年网络扶贫工作要点》部署了7 个方面 25 项重点任务。

(1)聚焦深度贫困地区，加大网络扶贫工作力度。主要任务有：深入开展"网络扶贫深度贫困地区行"活动，推动更多网络扶贫举措和项目向深度贫困县、贫困村倾斜，促进深度贫困地区特色产业发展，支持深度贫困地区发展"互联网+旅游"，加大对深度贫困地区的政策资金支持等。

(2)突出特殊贫困群体，创新网络扶贫帮扶举措。主要任务有：精准帮扶因病致贫因病返贫群众，带动贫困妇女增收脱贫，关爱贫困学生和困境儿童，加大对残疾人、孤寡老人、留守妇女等贫困群体的帮扶力度，开展少数民族语言语音技术研发应用和推广等。

(3)引导网信企业持续参与网络扶贫，增强脱贫攻坚的可持续性。主要任务有：引导网信企业与贫困地区开展网络扶贫结对帮扶，瞄准建档立卡贫困户，实施一批网络扶贫结对帮扶项目，加强帮扶项目的跟踪落实等。

(4)加大组织实施力度，务实推进网络扶贫东西部协作。主要任务有：加快推进东西部网信产业合作，强化东西部劳务对接和人才支持，推动网络扶贫东西部协作项目落地等。

(5)瞄准建档立卡贫困户，推进网络扶贫工程升级版。主要任务有：深化拓展网络覆盖工程，加快推进电信普遍服务第四批试点建设。扎实推进农村电商工程，深化电商扶贫频道建设，打好建制村直接通邮攻坚战，大力推进"快递下乡"工程。大力实施网络扶智工程，实施学校联网攻坚行动，深化宽带卫星联校试点，扩大优质教育资源覆盖面。优化提升信息服务工程，推进部门间扶贫工作的信息共享、数据交换、比对分析等，为宏观决策和工作指导提供支撑。加快构建线上线下结合的乡村便民服务体系。务实开展网络公益工程,精准开展网络公益扶贫项目。

(6)充分释放数字红利,增强贫困地区内生动力。主要任务有:做好网络扶贫与乡村振兴和数字乡村战略衔接,因地制宜、因势利导,推动脱贫摘帽的贫困县加快数字乡村建设,指导深度贫困地区全面统筹数字乡村建设,防止"数字鸿沟"进一步拉大。发挥网络扶贫带头人作用,普及信息技术知识,帮助贫困人口提升信息技能。

(7)压实工作责任,巩固和提升网络扶贫成效。主要任务有:加强网络扶贫工作的统筹协调与督促落实,强化政策协同和资源整合,推动各项任务落实。加强监测评估,跟踪评估网络扶贫成效。加大宣传力度,开展网络媒体"脱贫攻坚地方行"活动,营造脱贫攻坚的良好氛围。

九、网络问政:彰显民主新气象

网络问政是直面群众诉求、问计问需于民的重要平台，也是舆论引导、舆论监督的重要阵地。习近平总书记在全国宣传思想工作会议上指出，"必须科学认识网络传播规律，提高用网治网水平，使互联网这个最大变量变成事业发展的最大增量"。必须清醒而深刻认识到运用网络问政服务群众、解决问题、化解矛盾，绝非轻轻松松、敲敲键盘、动动手指、耍耍嘴皮就能解决的，而是要使其真正成为党委政府同群众交流沟通的新平台，成为民情纾解、为群众排忧解难的新途径，成为发扬人民民主、接受人民监督的新渠道。

136. 电子政府的含义

电子政府名称直译自英文词"Electronic Government"，其原意是利用网络技术来构建一个"虚拟政府"，从而使公众能够随时随地享受各类政府服务。电子政府就是通过在网上建立政府网站而构建的虚拟政府。

电子政府实质上是将工业化模型的大政府（特点是集中管理、分层结构、在物理经济中运行）转变为适应以知识经济为基础，同时适应社会不断发展变化的虚拟政府（新型公共行政管理模式）。其功能一是通过政府业务信息化，精简机构和简化办事程序，大幅度提高效率；二是为公众、为社会提供优质服务；三是以政府信息化推动社会信息化。

电子政府有以下基本特点：（1）电子政府是由信息、通信技术和法律支持的虚拟政府，具有跨地域、跨机构的特性，是在政府、社会和公众之间建立的信息服务与办公业务体系。（2）电子政府的作用和目标是通过计算机网络,高效率地为社会和公众服务,履行政府职能。(3)电子政府建设与运行的结果将使基于工业化模型的大政府转化为以知识经济为基础的小政府,因而能够促进公共行政体制改革和政府职能转变,实现机构精简、优化、重组。

137. 电子政务的含义

电子政务是信息技术与政务活动相结合的产物。 首先,信息技术是能够扩展人的信息器官功能的一类技术。 也可以这样理解,信息技术是指完成信息的获取、传递、加工、再生和施用等功能的一类技术;信息技术是指感测、通信、智能(包括计算机硬件、软件、人工智能)和控制等技术的整体。

政务有广义和狭义之分。 广义的政务泛指各类行政管理活动,而狭义的政务则专指政府部门的管理和服务活动。 电子政务就是政府部门利用先进的信息技术(特别是网络技术)手段来实现政务处理电子化,即包括内部核心政务电子化、信息公布与发布电子化、信息传递与交换电子化、公众服务电子化等。

电子政务相对于传统政务来说,其独特之处在于以下三个方面:第一,电子政务意味着现代信息技术在政府管理与服务各个环节的全面应用,导致某些职能发生转变,从而给政府管理方式带来革命性变化;第二,电子政务给政府注入一种全新的管理理念;第三,电子政务更多地表现为一个持续不断地运用现代技术改革政府管理模式与管理手段的动态过程。

138. 电子政府与电子政务比较

(1)电子政府与电子政务的区别

①电子政府与电子政务不是两个完全对应的概念,更不能相互替代。电子政府,是现有的政府机构在开展电子政务的过程中,对现有的政府组

织结构和工作流程进行优化重组之后所重新构造成的新的政府管理形态;而电子政务,则是从政府业务角度通过网络技术进行集成,在互联网上实现政府组织结构和工作流程的优化,突破时间、空间和部门分隔的限制,全方位地向社会提供优质、规范、透明、符合国际水准的管理和服务。 电子政府是电子政务发展的目标。

②电子政府和电子政务存在差异。 电子政府是一个实体概念,主要是建立一个功能完善的网站,着重点在政府网络化;而电子政务是一个程序概念,主要是通过电子手段完成行政目的,着重点在政务。

③电子政府是信息社会中具有适应性的政府管理模式,是作为其要素的电子政务的有序性达到一定程度的开放性系统。

④电子政府是现实政府在虚拟空间的映射,它虽然是一个虚拟的系统,但却担当着政府角色,代表着现实政府在承担管理和服务职能,它在网上实现和运作的内容——电子政务,是现实政府的部分政务的电子化的结果。 可以说,现实政府是电子政府建设的主体和仿真的对象,电子政务是现实政务在虚拟空间映射的结果。 两者虽然都基于现实政府及其政务活动,但是,两者间却表现为主体与客体、形式与内容的关系。

⑤电子政务的基础是电子政府。 电子政府作为网上虚拟的政府是基于网络的、面向政府机构、社会各界以及社会公众的信息服务和信息处理系统,是一个充分利用信息技术,有效地实现行政、服务及内部管理等功能,在政府、社会和公众之间建立有机服务系统的集合。 建立在电子政府之上的政务自然就是电子政务。

(2)电子政府与电子政务的联系

"电子政府"只包括电子政务中的一个组成部分,即政府部门通过网络与公众进行的双向信息交流。 而一个完整的电子政务的概念,则同时包含了政府部门内部、政府部门之间以及政府与公众之间的电子政务,其范围更广,内容更丰富。 产生这一观点的根源在于,电子政府概念提出之初，虽然也包括了整合政府各部门的信息资源，实现跨部门的联网办公等内容，但总的来说，其重心更多的是放在利用信息技术来改造政府服务的提供方式，即政府部门与公众之间的电子政务之上，而很少涉及部门内部和部门之间的电子政务活动。 正因为"政府"这个词是与社会公众相对而言的，人们更多地是从公众接受服务的角度认识"电子政府"，于是，就变成了电子政务包括电子政府，电子政府成了电子政务的一个组成部分。

139. 智慧政府的含义

智慧政府是指利用云计算、物联网、大数据分析、移动互联网等新一代信息技术，以用户创新、大众创新、开放创新、共同创新为特征，强调作为平台的政府架构，并以此为基础实现政府、市场、社会多方协同的公共价值塑造，实现政府管理与公共服务的精细化、智能化、社会化，实现政府和公民的双向互动，使政府更加廉洁、勤政、务实，提高政府的透明度；形成高效、敏捷、便民的新型政府。

"智慧政府"是电子政务发展的高级阶段，是提高党的执政能力的重要手段。 随着物联网、云计算、移动互联网、Web2.0等新一代信息技术的飞速发展，电子政务正由电子政府到"智慧政府"转变。 智慧政府不仅强调新一代信息技术的应用，也强调以用户创新、大众创新、开放创新、共同创新为特征的创新2.0。 现代政府事务日益复杂，传统政府的智能水平已经难以应对这种新的形势，必须建立"智慧政府"。 政府的四大职能是经济调节、市场监管、社会管理和公共服务。 "智慧政府"就是要实现上述职能的数字化、网络化、智能化、精细化、社会化。 与传统电子政务相比，"智慧政府"具有透彻感知、快速反应、主动服务、科学决策、以人为本等特征。

智慧政府可以实现智慧政务和服务、智慧管理和治理、智慧规划、智慧决策等目标，因此，未来智慧政府的建设势在必行。 然而智慧政府建设不可能是单一地进行，它必须和其他行业领域的智慧工程协同发展、互为表里、相互推进。 在大数据技术和产业方面、电子参与和泛平台建设方面、物联网产业方面、知识挖掘方面，必须稳扎稳打、高效推进，通过样板工程和基地建设，形成规模并打开突破口，合力构建智慧政府建设的有效路径。

140. 政府网站的内涵

政府网站是指一级政府在各部门的信息化建设基础之上，建立起跨部门的、综合的业务应用系统，使公民、企业与政府工作人员都能快速便捷地接入所有相关政府部门的政务信息与业务应用，使合适的人能够在恰当的时间获得恰当的服务。

政府网站分为政府门户网站和部门网站。 县级以上各级人民政府及其部门原则上一个单位最多开设一个网站。 县级以上各级人民政府、国务院部门要开设政府门户网站。 乡镇、街道原则上不开设政府门户网站，通过上级政府门户网站开展政务公开，提供政务服务。 已有的乡镇、街道网站要将内容整合至上级政府门户网站。 确有特殊需求的乡镇、街道，参照政府门户网站开设流程提出申请获批后，可保留或开设网站。 其中政府门户网站有以下两种类型：

(1)政府信息门户。 这类网站的基本作用是为人们提供政府信息，它强调对结构化与非结构化数据的收集、访问、管理和无缝集成。 这类门户必须提供信息查询、分析、报告等基本功能，社会公众、企业、政府工作人员都可以通过政府信息门户非常方便地获取自己所需的信息。

(2)应用门户。 这类网站实际上是对政府业务流程的集成，它以办公流程和客户应用需求为核心，把业务流程中功能不同的应用模块通过门户技术集成在一起。 从某种意义上说，我们可以把应用门户看成是各个政府部门站点信息办理系统的集成界面，公众、企业和政府工作人员可以通过应用门户访问相应的应用系统，实现移动办公、进行网上互动等。

中央政府和地方政府由于政府职能巨大差异，中央政府门户网站和地方政府门户网站在具体功能、体系结构及业务流程等方面存在着很大的不同。 就具体功能来说，中央政府门户网站主要是向全社会甚至是世界宣传和展示中国政府形象，让人们能够对中央政府的基本情况有个切实的理解和认识。

141. 规范政府网站域名结构

域名是政府网站的基本组成部分和重要身份标识。 为深入贯彻习近平新时代中国特色社会主义思想以及党的十九大和十九届二中、三中、四中、五中全会精神，落实党中央、国务院关于加强网络安全建设的决策部署，促进政府网站健康有序发展，政府网站域名结构要做以下规范。

政府网站应使用以".gov.cn"为后缀的英文域名和".政务"为后缀的中文域名，不得使用其他后缀的域名。 不承担行政职能的事业单位原则上不得使用以".gov.cn"为后缀的英文域名。 县级以上地方各级人民政府和国务院部门开设的政府门户网站，要使用"www.□□□.gov.cn"结构的英文域名，其中□□□为本地区、本部门名称拼音或英文对应的字符串（下同）。 省级、地市级政府部门开设的网站，要使用本级人民政府门户网站的下级英文域名，结构为"○○○.□□□.gov.cn"，其中○○○为本部门名称拼音或英文对应的字符串（下同）；实行垂直管理的国务院部门的基层单位网站，要使用国务院部门门户网站的下级域名，结构为"○○○.□□□.gov.cn"。 政府网站的中文域名结构应为"△△△.政务"，其中△△△为网站主办单位的中文机构全称或规范化简称。

政府网站各栏目、频道、专题、业务系统等原则上使用同一级域名，其中政府门户网站的栏目等使用"www.□□□.gov.cn/…/…"和"△△△.政务/…/…"结构的域名；部门网站（包括省级、地市级政府部门，以及实行垂直管理的国务院部门的基层单位网站）的栏目等使用"○○○.□□□.gov.cn/…/…"和"△△△.政务/…/…"结构的域名。

142.政府网站域名注册注销

作为政府网站的身份标识,域名的真实性和完整性关系着政府网站的权威性和安全性。一直以来,我国政府网站域名管理存在一些漏洞,责任不清、使用无序、命名不规范、注册审批制度不完善等,一定程度上也导致"僵尸""山寨"政府网站现象屡禁不绝,影响为百姓办事的效率,损害政府公信力,危害网络安全。因此,优化政府网站域名注册注销等流程将会有利于促进政府网站健康有序发展。

(1)严格政府门户网站域名注册、注销审核。省级人民政府和国务院部门注册或注销政府门户网站域名,要经本地区、本部门主要负责人同意后,报国务院办公厅备案,并向国家域名注册管理机构提交政府网站域名业务申请基本信息表,".gov.cn"英文域名的注册管理机构为中央网信办中国互联网络信息中心,".政务"中文域名的注册管理机构为中央编办政务和公益机构域名注册管理中心。地市级、县级人民政府注册或注销政府门户网站域名,要经本地区主要负责人同意后,向上一级人民政府办公厅(室)提交政府网站域名业务申请基本信息表,逐级审核后,由省级人民政府办公厅向国家域名注册管理机构提交政府网站域名业务审核表。国家域名注册管理机构依法依规对信息进行核验,核验通过后3个工作日内完成注册或注销工作。

(2)严格部门网站域名分配、收回审核。省级、地市级政府部门申请或注销部门网站域名,要经本部门主要负责人同意后,向本级人民政府办公厅(室)提交政府网站域名业务申请基本信息表,逐级审核后,报省级人民政府办公厅批准,省级、地市级人民政府门户网站按照审批意见分配或收回本级政府门户网站域名的下级域名。实行垂直管理的国务院部门的基层单位网站的域名,由国务院部门门户网站进行分配或收回管理。

(3)及时报备政府网站域名信息变更情况。政府网站域名持有者变更,需经政府网站主管单位同意;联系人等注册信息发生变更的,要在变更后的 20 个工作日内向政府网站主管单位报备。 政府门户网站域名相关信息变更的，政府网站主管单位要通知国家域名注册管理机构更新信息。

(4)统筹推进政府网站集约化与域名规范工作。 政府网站集约化后，网站仍然保留但域名不符合要求的，应按流程重新申请域名，域名调整情况在网站首页醒目位置公告 3 个月后，注销原域名。 业务系统、办事平台原则上不再作为独立网站运行，应尽快将相关信息和服务整合迁移，原域名按流程注销。

143. 网络问政的定义

随着网络力量的日益运用和重视，利用网络力量对政府进行监督的问政形式——网络问政也应运而生。 网络问政，就是政府通过互联网做宣传、做决策，了解民情、汇聚民智，以达到取之于民，用之于民，从而实现科学决策、民主决策，真正做到全心全意为人民服务。 互联网在中国民众的政治、经济和社会生活中扮演着日益重要的角色，网络问政已成为中国公民行使知情权、参与权、表达权和监督权的重要渠道之一，在很大程度上促进了我国民主政治的发展。

例如，许多政府部门和公共服务机构都通过官方网站、微信、政务 APP 等平台，开设了诸如"领导信箱""政民互动""意见征集"等网络问政栏目。 这不仅是积极顺应信息时代进步发展的客观需要，而且是更好满足群众知情权、参与权、表达权和监督权的重要举措。 同时，也是践行群众路线、了解民声民意、汇聚民情民智的重要渠道，对改善民生实事、推动实际工作、促进改革发展等都具有积极而深远的重要意义。

144. 网络问政的平台

网民来自老百姓，老百姓上了网，民意也就上了网。 当网络舆论场成为至关重要的民意集散地，网络问政成为提升行政效率、更好联系群众和服务群众的方式。 随着互联网的普及,使得网上群众路线已然成为常态。数据显示,2019 年 1 月,全国各地省市县三级党政"一把手"通过人民网《地方领导留言板》答复约 2.2 万项网民留言,同比增长 47%;各地网民留言约 3.1 万项,同比增长 56%。

与此同时,社交媒体的发展,让网络问政的形式越来越丰富。 过去各级官员到网络直播间、论坛跟网民互动,通过网络收集网民意见。 进入移动互联网时代,尤其是"两微一端(微博、微信及新闻客户端)"发展起来之后,为网络问政提供了新平台,政府和民众信息交流的方式发生了新变化。

(1)政务微博

微博将人们结合成一张巨大的网,在这个网里,微博主与"粉丝"们相互联系在一起,简洁的内容搭建起网络交流的新的空间,个体碎片状的生活被放大、裂变、聚合、叠加,对现实生活的影响越来越大。 政务微博是指政府机构及其工作人员在主流门户网站上开设的微博,功能主要以政务公开、听取民意、回应质疑、表达观点为主。 很多公职人员和政府机构纷纷进驻微博,成为了中国政坛的新热点,微博问政也渐渐成为网络问政的新趋势。

2009 年下半年,湖南桃源县官方微博"桃源网"出炉,成为中国最早开通微博的政府部门。 紧接着云南省委宣传部的官方微博"微博云南"面世。 随后,以"平安肇庆""平安北京"为代表的全国各地的公安微博,以及各级党政机关领导的微博如雨后春笋般开通。 截至 2019 年 12 月,我国 31 个省份均开通了政府机构微博,经过新浪平台认证的政府机构微博数量为 13.9 万个。 其中河南省各级政府机构开通的微博数量最多,数量达到 10185 个;其次是广东省,政务机构微博数量共有 9587 个;排在第三位的是江苏省,微博数量为 9159 个。

(2)政务微信

2012 年,政务微信悄然兴起。 广州市白云区应急办于 2012 年 8 月 30

日首开公众微信"广州应急—白云",成为全国最早使用微信的政府部门。"广州应急—白云"微信公众平台主要功能是发布点对点突发事件预警信息,关注社会公众安全需求,加强互动交流的沟通桥梁。

和微博相比,微信的最大的特点是沟通方式的变革带来了更好的互动性。微博信息的传递具有放射性,其优点是信息量大、传递面广、传递速度快,缺点是无效信息多,还要遵循用户阅读的时间规律,很多内容很难让用户看到。而微信信息的传递是一对一,其优点是更有针对性,更精准有效,信息传达率高。但显得封闭些,在内容展示上缺乏优势。

(3)政务客户端

"政务客户端"是指政务 APP,是指党委和政府相关部门开发的传播政务信息和提供政务服务的移动终端应用程序。政务客户端的内容建设主要包括政府信息的发布和政务信息的公开,功能建设主要包括为民众提供政府公共服务,具有移动性、便捷性、互动性、实时性等特征。区别于政务微博、政务微信,政务客户端是以政府公共传播和公共服务为导向,主要目的是提高政府线上服务能力和水平,为民众提供多元化的政务服务,使之成为名副其实的移动网上办事大厅。

随着移动互联网的发展,作为新兴的政务传播工具——政务客户端,越来越受到政府的重视。政府部门逐渐意识到政务新媒体成本低、互动性高、传播快的优势。2012 年 4 月,北京市政府新闻办公室推出"北京城市",是我国首个政务客户端。此后,各级政府开始积极推动电子政务的发展。政府部门在发展政务客户端的同时,也要正视其上线率高,但是公众使用率不足的问题,找到解决的办法,使其真正成为政府连接公众最有效的工具。

145. 网络发言人

网络发言人是伴随着网络快速发展应运而生的。由于网络传播路径的杂乱多变,很容易使公共信息变形走样,为使民意得到充分的表达,又要把握主动，促进决策落实，有部分政府机构积极应对网络监督，适时建立网络新闻发言人制度。网络发言人制度旨在为互联网在普通民众与政府之间搭建一条政策与民意互动的新通道，及时就有关政府信息披露的帖子进行回复，以更好地发挥网络舆论的积极作用，作出正确的舆论引导。

自下而上的网络问政过程中通常采用网络发言人的形式，他们实际上扮演的是政府与民众沟通的中间角色，他们既需要熟悉国家的方针政策，具有坚定的政治原则性，又能与网民打成一片，善于运用网民习惯的语言与网民进行交流。建立常态化、规范化网络发言人制度，对网络发言人实行实名制，发言人应该向社会公布自己的联系方式，以便发生紧急事务时能够与民众有效沟通。

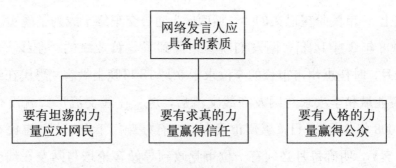

网络发言人应具备的素质

网络发言人及时地解决问题和在线答复，不仅意味着新闻发言人制度的刷新，也标志着信息公开和网络问政在我国已呈星火燎原之势，为政府第一时间获取民意、尽早化解矛盾提供了一个新的平台，更重要的是表明了政府对来自民间的诉求在某种层面上少了些许傲慢，多了一定程度的敬畏，展示了政府以开放的姿态直面民众质疑与推进善政的革新心态和勇气。

146. 我国网络问政的先行者

网络问政使越来越多的执政者平民化,接近了官与民的距离,为民意直达提供了快车道。 广东是全国网络问政的领头羊,惠州更是其中的典范。 2008 年 6 月,惠州最先将互联网技术归入问政系统,拉开了网络问政的序幕。

2008 年 6 月,网友"hzhqzxs"在惠州西子论坛发了一篇名叫《最迫切的民心工程:淡水到惠州开公交车》帖子。 他建议两地开通公交线路,得到了网友的大力支持。 不久后时任市委书记的黄业斌对该帖作出批示,要求相关部门尽快拿出方案。 随后,黄业斌又连续作了几次批示。 2009 年 2 月 22 日,从惠州火车站发往大亚湾区的惠南公交 K1 线开始行驶在惠南大道上。 市民盼望已久的"一城两区"通公交车终于成为了现实。

2008 年 8 月 14 日,网友们欣喜地等到了与黄业斌的"在线交流"。 时隔一月,时任惠州市市长的李汝求于 9 月 18 日晚上做客"惠民在线"论坛。 黄业斌和李汝求与网友在线交流后,这一在线交流形式就没有中断过。 2008 年 9 月 23 日,惠州市委办、市府办专门下发了《"惠民在线"工作方案》,明确每月必须有一位市党政领导做客论坛与网友在线交流,方案对在线交流机制、信息收集机制、信息处理机制、信息反馈机制等作出了明确规定,形成了一套完整的网络问政机制。

从 2008 年 8 月开始至 2010 年 5 月,共有 15 名市领导、17 名部门负责人、13 名县区领导上线"惠民在线"论坛。 网友现场留言 8686 个,市领导及部门负责人现场答复问题 655 个。 公职人员运用和依靠网络问政于民、问情于民、问计于民行使其管理职能,实行民主、科学、依法执政。

147. 政务新媒体定义

政务新媒体,是指各级行政机关、承担行政职能的事业单位及其内设机构在微博、微信等第三方平台上开设的政务账号或应用,以及自行开发建设的移动客户端等。 政务新媒体是移动互联网时代党和政府联系群众、服务群众、凝聚群众的重要渠道,是加快转变政府职能、建设服务型政府的重要手段,是引导网上舆论、构建清朗网络空间的重要阵地,是探索社会治理新模式、提高社会治理能力的重要途径。

国务院办公厅是全国政务新媒体工作的主管单位,地方各级人民政府办公厅(室)是本地区政务新媒体工作的主管单位,国务院各部门办公厅(室)或指定的专门司局是本部门政务新媒体工作的主管单位,实行全系统垂直管理的国务院部门办公厅(室)或指定的专门司局是本系统政务新媒体工作的主管单位。 主管单位负责推进、指导、协调、监督政务新媒体工作。 行业主管部门要加强对本行业承担公共服务职能的企事业单位新媒体工作的指导和监督。 政务新媒体主办单位按照"谁开设、谁主办"的原则确定,履行政务新媒体的规划建设、组织保障、健康发展、安全管理等职责。 可通过购买服务等方式委托相关机构具体承担政务新媒体日常运维工作。

各级政务新媒体按照主管主办和属地管理原则,接受宣传、网信部门的有关业务统筹指导和宏观管理。

148. 政务新媒体发展格局

截至2018年,全国各级行政机关、承担行政职能的事业单位开设政务新媒体共17.87万个,基本实现了国务院部门、省、市、县、乡全覆盖。除微博、微信、移动客户端外,今日头条、抖音等也成为各级政府和部门推进政务公开、优化政务服务的新载体。 但同时,一些政务新媒体还存在功能定位不清晰、信息发布不严谨、建设运维不规范、监督管理不到位等突出问题,"僵尸""睡眠""雷人雷语""不互动无服务"等现象时有发生,对政府形象和公信力造成不良影响。

基于此,国务院办公厅于2018年12月27日发布了《国务院办公厅关于推进政务新媒体健康有序发展的意见》（以下简称《意见》）。《意见》明确，到 2022 年，要建成以中国政府网政务新媒体为龙头，整体协同、响应迅速的政务新媒体矩阵体系，全面提升政务新媒体传播力、引导力、影响力、公信力，打造一批优质精品账号，建设更加权威的信息发布和解读回应平台、更加便捷的政民互动和办事服务平台，形成全国政务新媒体规范发展、创新发展、融合发展新格局。

149. 政务新媒体发展的指导思想

以习近平新时代中国特色社会主义思想为指导，全面贯彻党的十九大和十九届二中、三中全会精神，坚持以人民为中心的发展思想，牢固树立新发展理念，认真落实党中央、国务院关于全面推进政务公开和优化政务服务的决策部署，实施网络强国战略，落实网络意识形态责任制，大力推进政务新媒体工作，明确功能定位，加强统筹规划，完善体制机制，规范运营管理，持续提升政府网上履职能力，努力建设利企便民、亮点纷呈、人民满意的"指尖上的网上政府"。

150. 政务新媒体发展的基本原则

政务新媒体的发展要遵循以下四个基本原则：

(1)坚持正确导向。 增强"四个意识"，坚定"四个自信"，坚决做到"两个维护"，围绕中心，服务大局，弘扬主旋律，传播正能量，讲好中国故事，办好群众实事。

(2)坚持需求引领。 围绕公众需要，立足政府职能，切实解决有平台无运营、有账号无监管、有发布无审核等问题，优化用户体验，提升服务水平，增强群众获得感。

(3)坚持互联融合。 按照前台多样、后台联通的要求，推动各类政务新媒体互联互通、整体发声、协同联动，推进政务新媒体与政府网站等融合发展,实现数据同源、服务同根,方便企业和群众使用。

(4)坚持创新发展。 遵循移动互联网发展规律,创新工作理念、方法手段和制度机制,积极运用大数据、云计算、人工智能等新技术新应用,提升政务新媒体智能化水平。

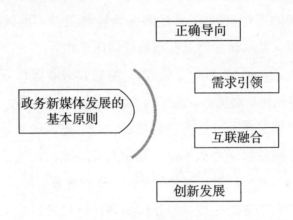

政务新媒体发展的基本原则

151. 政务新媒体发展的功能建设

各地区、各部门要遵循政务新媒体发展规律,明确政务新媒体定位,充分发挥政务新媒体传播速度快、受众面广、互动性强等优势,以内容建设为根本,不断强化发布、传播、互动、引导、办事等功能,为企业和群众提供更加便捷实用的移动服务。 中国政府网政务新媒体要发挥龙头示范作用,不断提升政务公开和政务服务水平。

(1)推进政务公开,强化解读回应。 积极运用政务新媒体传播党和政府声音,做大做强正面宣传,巩固拓展主流舆论阵地。 围绕中心工作,深入推进决策公开、执行公开、管理公开、服务公开、结果公开。 做好主题策划和线上线下联动推广,重点推送重要政策文件信息和涉及群众切身利益、需要公众广泛知晓的政府信息。 做准做精做细解读工作,注重运用生动活泼、通俗易懂的语言以及图表图解、音频视频等公众喜闻乐见的形式提升解读效果。 要把政务新媒体作为突发公共事件信息发布和政务舆情回应、引导的重要平台，提高响应速度，及时公布真相、表明态度、辟除谣言，并根据事态发展和处置情况发布动态信息，注重发挥专家解读作用。 对政策措施出台实施过程中出现的误解、误读和质疑，要迅速澄清、解疑释惑，正确引导、凝聚共识，建立网上舆情引导与网下实际工作处置相同步、相协调的工作机制。 县级政务新媒体要与本地区融媒体中心建立沟通协调机制，共同做好信息发布解读回应工作。

(2)加强政民互动，创新社会治理。 畅通政务新媒体互动渠道，听民意、聚民智、解民忧、凝民心，走好网上群众路线。 认真做好公众留言审看发布、处理反馈工作，回复留言要依法依规、态度诚恳、严谨周到，杜绝答非所问、空洞说教、生硬冷漠。 加强与业务部门沟通协作，对于群众诉求要限时办结、及时反馈，确保合理诉求得到有效解决。 要善于运用大数据、云计算、人工智能等技术，分析研判社情民意，为政府决策提供精准服务。 注重结合重大活动、重要节日及纪念日、主题日等设置话题、策划活动，探索政民互动新方式。 政务新媒体、政府网站、政务热线等应依托政府网站集约化平台完善和使用统一、权威、全面的咨询答问库，不断提升答问效率和互动质量。 推动省级政府和国务院部门的咨询答问库与中国政府网对接联通。 鼓励采用微联动、微直播、随手拍等多种形式，引导公众依法有序参与公共管理、公共服务，共创社会治理新模式。

(3)突出民生事项，优化掌上服务。 强化政务新媒体办事服务功能，围绕利企便民，聚合办事入口，优化用户体验，推动更多事项"掌上办"。 要立足工作职责，重点推动与群众日常生产生活密切相关的民生事项向政务新媒体延伸。 着力做好办事入口的汇聚整合和优化，统筹推进政务新媒体、政府网站、实体政务大厅的线上线下联通、数据互联共享，简化操作环节，为公众提供优质便捷的办事指引，实现数据同源、服务同根、一次认证、一网通办。 注重把握不同形态政务新媒体分众化、差异化的特点，创新服务模式，扩大服务受众，提升服务效果。 政务新媒体提供办事服务应依托本地区、本部门已有的办事系统或服务平台，避免重复建设，防止形成新的信息孤岛和数据壁垒。

152."掌上政务"随时随地可办事

从 BP 机、"大哥大"，到直板机、翻盖机，再到今天的智能手机，人们使用的手机越来越高级。从接听电话，到登录网站，再到掌上购物、办公，百姓生活已经很难离开手机了。随着移动互联时代的到来，"网上政务"逐渐发展成"掌上政务"，手机开始成为为民服务的新窗口。

近年来，多地政府部门积极探索实践，积累了政务服务"掌上办""指尖办"的宝贵经验，在方便群众办事的同时，提高了工作效率。重庆市推出"渝快办－重庆政务掌上办"移动政务服务平台，整合 58 个业务部门、3600 多项政务数据资源，打破各审批服务部门之间封闭运行的行政壁垒，推进政务服务愉快办。浙江省推出"掌上办公"平台，推动以效能提升为导向的工作流程再造，通过政务服务事项的全流程移动端办理，实现公共数据整合共享，不仅使业务经办流程更加便捷化、管理更加精细化，而且大大提高了政府的办事效率。福建省国税、地税系统紧跟数字福建发展脚步，拓宽服务融合范围，强化信息共享，打造通办国地税两家业务的平台"闽税通"APP，解决了国地税业务不能互通、执法"多头查"和处罚"多标准"等多个问题，创新网上办税渠道和方式，有效提高服务能力和效率。

一个手机 APP，可能装载的就是一个政府。未来，手机技术还会有创新，并且引发政务服务的新变革，但一以贯之的始终是为民服务的宗旨，让"掌上政务"方便更多群众，使群众的获得感和幸福感在指尖政务中得到更具象的呈现，老百姓随时随地享受到政府部门的贴心服务，"掌上政务"真正实现"让数据多跑路，让百姓少跑腿"的目标。

153.我国现有的政务服务平台

2020 年 4 月 28 日，中国互联网络信息中心（CNNIC）发布第 45 次

《中国互联网络发展状况统计报告》，在互联网政务方面，报告数据显示，截至 2019 年底，我国 31 个省（区、市）均已开通政务机构微博，各行政级别政府网站共开通栏目数量 24.5 万个，政务头条号 82937 个，政务抖音号 17380 个。

报告指出，2019 年 11 月，国家政务服务平台整体上线试运行，联通 32 个地区和 46 个国务院部门，对外提供国务院部门 1142 项和地方政府 358 万项在线服务，截至 2019 年 12 月，32 个省级网上政务服务平台的个人用户注册数量达 2.39 亿，较 2018 年底增加 7300 万；其中，实名注册个人用户达 2.21 亿，占比为 92.5%，较 2018 年底增加 7600 万。

各行政级别政府网站共开通栏目数量 24.5 万个，主要包括信息公开、网上办事和政务动态三种类别。 在各行政级别政府网站中，市级网站栏目数量最多，达 12.9 万个，占比为 52.9%。 在政府网站栏目中，信息公开类栏目数量最多，为 16.2 万个，占比为 66.4%；其次为网上办事栏目，占比为 14.8%；政务动态类栏目数量占比为 13.5%。

截至 2019 年 12 月，我国 31 个省（区、市）均已开通政务机构微博。其中，河南省各级政府共开通政务机构微博 10185 个，居全国首位；各级政府共开通政务头条号 82937 个；开通政务抖音号 17380 个，其中数量最多的省份为山东，共开通了 1175 个。

十、网络舆情:舆情应对新挑战

随着新媒体的快速发展，国际国内、线上线下、虚拟现实、体制内外等界限日益模糊，使得舆论形成突发爆点，舆情演变迅速多样，受众情绪复杂难控。如何去伪存真，获取最真实的民意，如何避免网络公共舆论空间被人利用，人为制造网上网下群体性事件，是当前和今后迫切需要考虑和寻求对策的新课题。公职人员要想做好网络舆情工作，就要学网、用网、懂网，增强自身网络素养，积极谋划、推动、引导互联网发展，真正成为运用互联网等现代传媒工具开展工作的行家里手。

154. 了解网络舆情

"舆情"一词，对不少人来说是陌生的、新鲜的，但其实在互联网时代，舆情与我们每个人息息相关，它就在我们身边，无时无刻不在发生。舆情的全称是"舆论情况"，是指在一定的社会空间内，围绕中介性社会事件的发生、发展和变化，作为主体的民众对作为客体的社会管理者、企业、个人及其他各类组织及其政治、社会、道德等方面的取向产生和持有的社会态度。它是较多群众关于社会中各种现象、问题所表达的信念、态度、意见和情绪等表现的总和。

现在我们通常说的舆情是指互联网舆情，比如对于一个热点事件来说，从它在网络上出现，到发酵，到达到舆论热议的顶峰，到慢慢退热，最后停息，这个过程中网络上关于事件的讨论信息都属于该事件的舆情。网络舆情的载体是网络，核心是事件。所谓网络舆情，是指在各种事件的刺激下，人们通过互联网手段表达的对该事件的所有认知、态度、情感，传播与互动以及后续影响力的集合。 由于是广大网民的发声,这就意味着它带有很强的主观性,未经媒体验证和包装,直接通过多种形式发布于互联网上。 当前,新媒体已成为公众表达舆情和传递声音的重要窗口。网络舆情信息丰富、表达快捷、渠道多元、传播急速,比传统媒体更具优势。 中国互联网络信息中心(CNNIC)第 45 次《中国互联网络发展状况统计报告》显示,截至 2020 年 3 月,我国网民规模达 9.04 亿,普及率达64.5%。 网络舆情成为最主要的社会舆情传播方式。

网络舆情是社会舆情在互联网空间的映射,是社会舆情的直接反映。社会舆情往往是通过人们的街谈巷议、口传心授,并以一定的意见、情绪、态度甚至行动倾向表现出来,舆情的获取只能通过社会明察暗访、民意调查等方式进行,获取效率低下,样本少而且容易流于偏颇,耗费巨大。 而网络舆情的产生、形成并发挥作用的载体是网络,大众往往以信息化的方式发表各自看法,即网民的情绪、态度和意见等通过新闻跟帖、论坛、博客、播客、即时通信工具、搜索聚合等途径表达出来,网络舆情的获取效率要高于社会舆情。

155. 网络舆情的六要素

网络舆情的六大要素包括:网络、事件、网民、情感、传播互动、影响力。

网络具有传播快、掩盖广、影响大、作用强的特性,同时具有号召力、影响力、公信力、压服力和整合力,网络舆情依托网络进行传播,在互联网普及的当下,网络为舆情的产生和爆发提供了传播渠道。

事件本身是影响一个事件网络舆情走向的首要因素。 事件本身的性质、所造成的影响、所涉及的利益群体等因素,都决定着网络舆情的可能演变。

网络舆情的主体是网民,网民是网络舆情传播的重要参与者、推动者,他们把互联网作为传播和交流媒介,通过上网获取信息并参与网络互动,通过发表个人见解来表达情绪和态度。

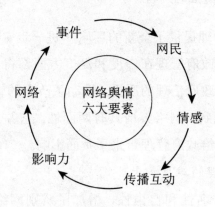

网络舆情六大要素

　　情感之所以成为网络舆情的一大要素,是因为在网络舆情的形成过程中,参与者和旁观者都将自己转化为涉事主体,从而像是在为自身表达情感诉求,不同的情感诉求中又聚集了不同的舆论观点,如此,情感倾向就成为了网络舆情的风向标。

　　舆情一旦在网络上传播互动起来,它的一个个微小的点快速聚集,连续不间断传播互动,短时间内就会形成信息链、时间链和发展链,与事件本身发展几乎同步。 例如,2016 年"北京和颐酒店女生遇袭事件"就是通过微博首发,其他传播平台快速介入,"名人效应"在旁又推波助澜,短时间内刷屏网络,引起社会的广泛关注。

　　社交媒体网络中的"意见领袖"能使舆情影响力不断汇集增大。 当突发事件发生后,社交媒体网络中会出现具有重要影响力的用户或群体,他们可能会从源头引起信息失真、谣言等信息异化风险,随着言论的大范围传播,其影响力对信息在社交网络中的传播与扩散具有推波助澜的作用。

156. 网络舆情的负面性

网络舆情为政府管理提供了全新的环境，进一步完善了公民参与的手段和渠道，使公民参与政府管理在广度和深度方面都得到了更大的提升，同时，网络舆情提升了政府治理的质量，推动了政府的管理创新。然而，我们也必须清醒地认识到，网络舆情具有两面性，它并不是完美的，还存在着很多的问题，这也给政府管理带来了负面影响。

(1)政府对社会管理的难度加大

网络言论发表的匿名性和自由性，增加了辨别网络舆情真伪的困难度，增加了政府对社会管理的难度。同时，网络参与者身份被数字化、电子化、虚拟化，使得网民能以"隐形人"的身份在网上自由发表意见，不受现实中法律、道德、制度的约束，从而脱离现实社会的制约。因此，从政府管理的角度来说，控制的对象则从有形变成了无形，从公开到隐蔽，从可以确定到难以识别，从能够掌握到无法控制，政府在分辨网络舆情的真实方面的能力被削弱，大大增加了政府对社会管理的难度。

(2)社会不安定因素增加

网络言论的情绪化和极端化导致了网络舆情的非理性化趋势，影响了社会政治生活的稳定。网上信息容量非常庞大，任何团体和个人都可以在互联网上自由传递有关政治态度的信息，表达自己的政治见解，增加了选择的不确定性或使主体倾向于不作选择，即便作出选择，也往往具有随意性和盲目性。网络舆情越来越偏离事件的真相，扰乱公共话语体系和公民的价值判断，进而导致"网络扰政"和"网络暴政"。如果得不到正确引导，就很有可能造成民众和政府的隔阂甚至对立，增添社会不安定因素，影响社会稳定与和谐。

(3)社会公众对政府的信任度降低

当前我国社会正处于现代化转型期，改革的深入和发展，利益结构和社会组织也发生了变化,导致利益主体多元化,社会收入分配不均等导致贫富差距拉大等,都直接影响到每个社会成员切身的经济利益和社会地位。 但是,公众对现实的种种不满往往缺乏适当的排解渠道,而网络为民众宣泄情绪提供了最佳的渠道,这就导致舆论多元化与尖锐化并存的现状。 网络传播的蝴蝶效应使得社会矛盾和冲突在网络世界里进一步扩大,增强了网民社会不平等的感觉,在社会相当一部分民众中引起共鸣,从而加剧了社会公众对政府的对立情绪,削弱了社会公众对政府的认同感,降低了政府的公信力。

157. 舆情的预警环节

网络舆情预警是指从危机事件的征兆出现到危机开始造成可感知的损失这段时间内,化解和应对危机所采取的必要、有效行动。 网络舆情的预警流程主要包括以下三个环节。

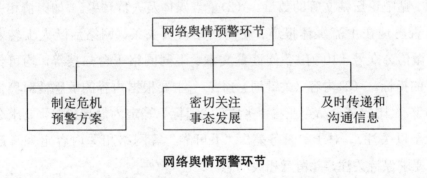

网络舆情预警环节

(1)制定危机预警方案。 针对各种类型的危机事件,制定比较详细的判断标准和预警方案,以做到有所准备,一旦危机出现做到有章可循、对症下药。

(2)密切关注事态发展。 保持对事态的第一时间获知权,加强监测力度,可以通过舆情监控系统之类的技术,在第一时间采集、汇总各种互联网上的信息。

(3)及时传递和沟通信息。 即与舆论危机涉及的政府相关部门保持密切沟通,建立和运用这种信息沟通机制,已经成为网络舆情管理部门的重要经验。

158. 大数据预警功能

社会信息流动速度的加快和信息熵的增多使得网民的情感、态度、意见、观点的表达、传播与互动呈现越来越复杂的特点,这对传统的舆情监测提出了挑战。 舆情事件爆发时,大量信息在互联网中迅速传播,不实信息、负面信息一旦应对不当,将会给自身带来消极影响。 因此,相关部门要充分借助大数据技术,利用大数据对舆情信息进行有效测评与评估。

舆情大数据预警功能主要包括:(1)数量预警。 即对相关事件(话题)在各网络平台的媒体报道与网民讨论数量进行预警。 如对舆情级别进行量化,分别对应相关网页新闻、微博文章、微信公众号文章、头条号文章、贴吧论坛帖文等的数量。 (2)重点媒体及人群预警。 如舆情相关信息是否出现在主流媒体报道、新闻网站首页头条、网络活跃人士转发跟评、微信公众号"10 万+"阅读量文章、不同网络平台热搜等,均可作为预警的指标。 (3)内容(关键词)预警。 主要根据内容的敏感性对舆情进行预警。 比如某食品企业将"劣质""超标"等定为最高预警,要求公司主管予以关注。 对于"服务差""不可靠"等网络相关内容定为一般预警,要求保持关注,并留意相关动态。

159. 网络舆情的误区

舆情是社会民众对现实世界情感和态度的一种表达。 信息时代,互联网成为民意的表达平台,复杂多变的网络舆情体系也应运而生。 在应对这些舆情时,切忌陷入以下这几个误区。

误区一	· 没有客观认识网络舆情
误区二	· 将信息管控当作重点
误区三	· 过度依赖网络舆情监测
误区四	· 认为舆情部门是万能的
误区五	· 所有舆情都要政府介入

网络舆情误区

（1）没有客观认识网络舆情

事实上，并非所有网络舆情都是负面的，除一些恶意事件外，网络舆情是促进社会协商，推动社会健康发展的有效手段。随着互联网特别是移动互联网的普及，公众参与社会讨论的便利性与积极性也在逐渐提高，这是社会进步的一个标志。应当看到，当社会成员都在关心社会健康，所有个体都在维护社会公平正义时，社会整体面貌一定是积极向上的。

因此，不能简单地以网络舆情所反映出的现实问题而将其视为挑战社会的危机与风险。大多数网络舆情恰恰是一个提示窗口，是一个动员社会成员联起手来共同阻止或预防危机出现的机遇。像以前的城管暴力执法和动车霸座等事件，就证明了制度的完善与公众态度的统一，均是社会协商向良性发展的体现。

（2）将信息管控当作重点

在舆情处置的过程中，如果运用的方法不当，就可能将事件放大而形成真正的危机，其中最典型的错误是将舆情处置的重点放在对信息管控之上。虽然信息传播是舆情发展的重要途径，但是很多舆情往往是由一些触发性事件引起的大众情绪或感情的宣泄，这些情感因素又大多源于个体对社会不公或信息沟通不畅的直接感受和切身认知。

因此，如果仅从信息管控的角度来处理，减少事件的曝光或阻断参与讨论的渠道，虽然可以取得一定的效果，但公众的不满很可能通过其他渠道或事件以更大规模的方式再次宣泄出来。以响水化工园爆炸事故为例，处理的重点应是引起舆情的触发性事件，及时回应舆论关切，而不是对信息的管控，对新闻热度的压制。

（3）过度依赖网络舆情监测

网络舆情是一个不断持续发展的开放系统。虽然现有的舆情监测平台已经在很多层面做到了对网络数据的实时跟踪与评估，但落实到具体应用上时，其所起的作用也更多是亡羊补牢而非一劳永逸。

首先，舆情从发生到发展与网络舆情感知模型不同步。舆情的形成与发展有一个过程，现有的网络舆情感知模型也都会有一个滞后周期。其次，平台所设置的控制信息大多基于既往的经验而无法跟上网络语境的瞬息万变。再次，现实事件的多变特性与舆情处理过程中各种可能的突发因素，都会使舆情发生快速转化或引发多级次生舆情。最后，现有舆情监测平台的大数据抓取机制和内容平台经常更新的反抓取设计，也会对真正的全网监测形成障碍。

因此，仅仅依靠数字系统的预警研判、单纯以信息传播手段来处置舆情只能是被动挨打。不能把网络舆情监测认为是万能的，它只是一种辅助手段，各部门主动的协同应对才是更好的解决方案。

（4）认为舆情部门是万能的

不论是政府还是企业，舆情部门都不能替代相关职能部门。单纯依靠舆情部门往往无法解决现实问题，而需要各方的全力配合。不同的利益诉求必然导致网络协商的不同表达，同一事件，不同的个体、不同的出发点会形成不同的观点和态度，从而使网络舆情表现出复杂化的态势，并可能进一步伴随着谣言与恶意攻击。

网络舆情要想避免陷入误区，就要在应对时分清主次，辨清舆情产生的根源，积极协调相关机关、部门与社会群体，处理问题而非处理舆情；要统一声音，声音的差异是可能导致次生舆情产生的主要原因，协同机制非常重要；要以及时有效的沟通来推动社会协商，积极处理而非阻断协商，从而避免网络舆情的扩大化，同时消除谣言滋生的土壤。"众人拾柴火焰高"，舆情处置的核心是各部门的协同，而不能仅仅依靠舆情部门一己之力。

(5)所有舆情都要政府介入

政府部门在处置舆情事件时往往会陷入这样的两难境地：该介入的事件不介入，可能会引发大量的次生舆情；而不该介入的事件介入了，也会引起舆情的二次发酵。这就需要在处置舆情事件时一定要审慎地对待是否介入、何时介入、如何介入等问题，以避免舆情的二次发酵与次生舆情的产生。

如果将网络舆情看作是一个社会协商过程，大多数舆情事件都会在正常的社会协商机制下得到充分的讨论与解决（如奔驰女车主维权事件），并不是所有舆情都需要政府介入。需要特别注意的是，政府一旦介入，就要做到客观公正、公开透明。

160. 网络水军的含义

网络水军为一群在网络中针对特定内容发布特定信息的、被雇佣的网络写手。网络水军通常简称为水军，又名网络枪手，他们通常活跃在电子商务网站、论坛、微博等社交网络平台中。他们通过伪装成普通网民或消费者，通过发布、回复和传播博文等对正常用户产生影响。

网络水军是互联网发展过程中出现的新现象。他们以网络幕后隐形方式充当着"网络推手"，通过"借势"和"造势"左右舆论，用虚拟空间的力量影响现实社会，影响舆情的进展。网络水军的人员构成相对复杂，主要有以下几种。

一是核心人员，主要包括网络公关公司及其雇用的"写手"和"水军"。网络公关公司是"网络水军"的幕后老板，负责接受"客户"请求，策划组织网络炒作、有偿删帖等活动；"写手"熟悉网民心理，专职撰写、提供炒作素材；"水军"是网上炒作活动的具体实施者，以网上有偿发帖牟利。

二是上游人员，即"网络水军"业务的需求者，主要包括广告商、委托人、爆料人。广告商通过"水军"炒作提高其投放广告的点击量；委托人、爆料人提供炒点，通过"水军"攻击炒作指定单位、人员，达到某些诉求。

三是下游人员，即"网络水军"业务的辅助实施者，主要由专业推手、小型非法网站运营者和知名网站"内鬼"构成。专业推手往往是一些网络"大V""网红"等，借助自身在"粉丝"中的影响力，为炒作活动站脚助威；小型非法网站运营者、知名网站的"内鬼"（如编辑、版主）主要是协助"网络水军"删除、置顶帖文等，从中谋取非法利益。

161. 提升应对网络舆情的素养

近年来，网络舆情环境越发复杂化，突发事件频频发生，这使得我国政府特别是地方政府面临着如何迅速妥善处理突发性事件的巨大挑战，应对突发事件的舆情危机处置研究成为当下一个重要课题，而公职人员作为舆情处置的指挥核心，其舆情应对素养的提升也日益受到重视。在新的时代条件和舆论格局下，提高公职人员同媒体打交道的能力，要做到以下几方面。

（1）强化网络舆情预警和应对意识

互联网给我国政治、经济、文化等各领域都带来了巨大的冲击和挑战，从近年来发生的一系列网络舆情热点事件来看，如果公职人员对互联网带来的问题和冲击认识不足，重视不够，应对不力，就会激化矛盾，引发公众的不满，导致危机爆发，破坏政府部门的形象，降低政府的公信力。因此，公职人员应该强化网络舆情预警和应对意识,提升舆情应对素养。

(2)掌握使用网络的基本技能

公职人员对互联网的使用不能仅仅停留在打字办文、浏览舆情信息等对网络的基础操作技能上,还应具备网上舆情信息的甄别能力、网上舆情的分析能力。要有善于利用网络获取和把握舆情信息、利用网络搜集和把握社情民意、利用网络与网民互动交流等各方面的能力。例如可以通过熟练掌握网络舆情监测软件,收集社情民意,把握舆情动态。当前网络舆情的发展是建立在互联网技术创新基础之上,信息传播方式不断更新,载体功能性不断增强,公职人员必须高度重视主流网站新技术的应用,熟悉舆情传播的基本技能操作。

(3)提升网络舆论的引导能力

突发事件一旦发生,最快的几分钟就有网民将相关舆情信息发到网上,十几分钟后就有网站转载,随后网上讨论就可能达到高潮。传播力决定影响力,先发制人,后发就被牵制,谣言扩散的过程正是意见领袖保持沉默的过程。尤其是公共突发事件,最能考验政府各部门执政能力,也最容易对政府形象造成损害,公职人员要善于抢占第一时间在网上发布主流舆情信息,掌握舆论主导权,并且要密切关注舆情走向,不断发布事件处置的新情况,及时回应公众的质疑和猜测。

总之,公职人员应坚持与时俱进,充分认识网络舆情的深刻影响,把握网络舆情的发展趋势,正视挑战,把网络媒体作为洞察和引导社情民意的窗口来对待,把关注网络舆情当作一种工作常态来坚持,提高网络舆论的应变能力,切实提升网络舆情的相关素养。

162. 意见领袖会引导舆情

网络意见领袖与网络舆情的演化有着密切的联系。在网络舆论引导的过程中,我们必须充分重视网络名人和意见领袖的影响力,政府要着力培养一批代表官方的意见领袖、网络名人和意见领袖。他们在网上拥有大量的粉丝和追随者，往往振臂一呼应者云集，很多网民会理所当然的响应他们的观点，而与之相左的意见则被置之不理或恶意对抗。

网络意见领袖因在某一社会问题的专业性和权威性，从而成为网络舆情的凝聚核心，其观点和言论影响到网民对事件的认知。 在突发事件的网络舆情演变中，意见领袖在舆情走向上起领头羊作用。 在网络中，他们对网民普遍关注的热点事件发表专业且权威的言论，向网民传播事件，也引导网民认识事件的本质，并激发网民在网络上发声的热情。 在网络舆情传播过程中，意见领袖对传统媒体的意见进行解读和"反解读"，其潜在影响力超过了传统媒体的强制影响力。 意见领袖和网友们合力加速了突发事件的传播速度，也拓展了广度和深度。 过去，意见领袖多匿名活跃于网络，像一只隐形的手，指引着懵懂的网民在网络事件中寻找方向。而现在，越来越多的意见领袖开始从网络的纱帐后面走出来，把自己的真实身份公布于众，使得言论更具公信力。 还有一些网络意见领袖参与到现实生活中来，向政府建言献策，在现实中影响政府决策。

众所周知，负面舆情极易给政府工作及社会发展带来阻碍，滋生各类难以掌控的局面。 在社会热点事件和突发事件中，网络意见领袖总能先入为主，第一时间发表评论，提供不同视角的言论，表明立场和态度，左右和影响网民的情绪和判断，获得网民的认同和关注，并引导网络舆情的发展方向。 所以，在舆情应对中，政府要善于挖掘意见领袖，正面发挥网络意见领袖的舆情引导作用。

163. 突发事件舆论引导

突发事件是指突然发生的直接关系到公众健康和社会安全的公共卫生事件。 突发事件主要包括以下几类：重大传染病疫情、重大自然灾害、严重中毒事件、放射性物质泄漏事件、恐怖袭击事件以及其他严重影响健康的事件等。 做好突发事件舆论引导工作要注意以下七个关键点。

(1)明确主要任务。 重大突发事件发生时，群众对于未来的预判会迅速从观望走向担心甚至恐慌,对真相信息的需求变得极为迫切。 因此,舆论引导的主要任务是,推动关键信息的及时公开和加强对工作成效和先进事迹的宣传报道,以最快速度掌握舆论主动权。

(2)找准职能定位。 要把握公开和宣传的差异性,明确各自职能定位。 很多政府部门,尤其是基层政府部门在工作中并没有对公开和宣传做明确细致的区分。 在舆论引导上,政府可以做官方解读,媒体可以做评论解读;政府和宣传部门都可以通过新闻发布会回应社会关切,组织嘉宾专访回答网民问题等。

(3)把握协作关系。 从舆论引导的角度看,信息公开和新闻宣传在工作上各有侧重,操作上密切相关,效果上互为补充。 政府在公开重大信息前应充分与宣传部门会商,做到有预判、有预案,协调发声,整体发力。 即便是最接地气的好政策,也需要新闻宣传广而告之;最客观真实的公开信息,也需要媒体和第三方视角的监督、解读、评论、传播和引导。

(4)用好方法手段。 对重大舆情和突发事件舆论的引导,必须打好组合拳。 公开的主要工作相对集中在信息发布前,公开的方式可以根据实际通过新闻发布会、政府网站、政务新媒体、公开栏、大喇叭等作发布。宣传与公开不同,主要工作相对集中在信息公开后,包括对信息的重要性进行研判,对传播形式进行策划,以及进行有选择、有价值判断的报道。不论公开还是宣传都要重视互动渠道的建立,必须为公众提供意见箱、出气筒、求救门。 要准确掌握公众对特定信息的反应、情绪和期盼。 对于涉及生命财产等群众根本利益的问题不仅要有回应,更要有解决。

(5)仔细甄别谣言。 在历次重大突发事件中,谣言是必然的参与者。在关键节点,舆论的生成更多地不是取决于刷屏信息的真假,而是取决于社会情绪,大量旁观者的好恶和人心向背。 民众对于谣言的真假往往并不在意,更不会去核实,而是希望通过谣言表达诉求,表达态度。 甄别一条信息是否为谣言,必须要进行严谨细致、准确缜密的核实调查,有时候在谣言辟除后还要分析其背后的动机,找到其发布主体。

(6)有效辟除谣言。 谣言是"显政"舆论的"大杀器"。 造谣者、恶意传播者和借机牟私利者都是破坏信任体系、损害治理体系的"病毒",必须用"药"治疗。 "药方"是充分的公开、社会群体的理性、关键知识的科普、必要时还要运用法律的武器。 辟谣是舆论战中的制胜利器,反应必须要快:调查快、动作快、发声快。

(7)谨言慎行,行胜于言。 群众看政府、看干部,不是看"说什么、写什么、强调什么",而是看"干什么",看说的写的是否能够兑现。 公开和宣传都离不开实际工作的支撑。 没有踏踏实实,扎实有效的工作,公开就会空无一物,或是谎话连篇,宣传也会麻袋上绣花效果有限,尤其在重大突发事件面前,没有果断、可感知的举措,一味的发声可能引起公众的抵触和反感,甚至造成重大负面舆情不断发生。 因此,面对重大突发事件,公职人员必须亮出实实在在为民务实的行动,如此,才能引导正向舆论。

164. 网络舆情应对原则

(1)第一时间发声原则

在网络热点形成的 24 小时内,相关负责人要及时站出来发声,向网民传达至少两个信息:一是大家的关注引起了政府的重视;二是时间正在调查中,调查结果将及时公布。 速报事实,慎报原因,既不失语,又不妄语。 这样做不但稳定了民众的情绪,而且表明了政府对民意的尊重和重视。 同时,防止了网上热点的再次扩大。

(2)不断播报原则

网络舆情热点应对中,有两方面必须注意:一要切忌不理不睬,二要切忌没有下文。 第一时间要站出来发声,但之后更要不断地告诉网民政府在做什么,事情有了什么样的新进展。 这样做才能稳定网民的情绪,消弭热点,真正解决问题。

(3)坚持亲民原则

无论是网络发言人还是网络评论员,在面对网上热点时,都要切忌讲空话、套话,一定要用网言网语说网事,这样才更容易拉近官民距离,为大家所接受,进而才能通过网络说明事实,澄清真相,安抚情绪,引导舆论,解决问题。 否则,会引起网民的反感,激化他们的情绪,扩大事态。

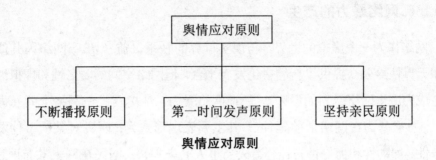

舆情应对原则

165. 新闻发布制度

新闻发布制度是指国家机构任命或指定的专职或兼职新闻发布人员,在一定时间内就某一重大事件或时局的问题,举行新闻发布会,或约见个别记者,发布有关新闻或阐述本部门的观点立场,并代表有关部门回答记者提问的一项制度。 新闻发布担负着回应关切、消除疑虑、塑造形象、提振信心的责任与使命。

2003 年的"非典"催化了新闻发布制度,这次新冠疫情,再一次为中国新闻发布制度立下一个非常重要的里程碑,新闻发布成为人民直面疫情的刚需。 疫情防控进入攻坚期后,各地各部门形成了常态化的疫情新闻发布会和网上发布会,通报疫情数据等,回应社会关切。 危机时刻的新闻发布会对于减少公众恐慌、增加透明度以及应对疫情的不确定性至关重要。

2020 年 5 月 5 日下午,国务院应对新型冠状病毒感染的肺炎疫情联防联控机制(以下简称国务院联防联控机制)举办第 100 场新闻发布会(司局级)。 从 1 月 22 日起到 5 月 5 日的 105 天里,国务院联防联控机制共召开 125 场新闻发布会。

整个疫情防控期间,不但中国 10 多亿人观看、关注国务院联防联控机制新闻发布会,全球还有 2000 多家媒体平台采用了国务院联防联控机制新闻发布会上的信息。 可以说，这百余场新闻发布会，成为我国积极应对并科学抗击新冠肺炎疫情强有力的舆论场"压舱石"。

166. 网络暴力的产生

网络作为一个虚拟的世界，与现实世界的联系日益密切。 网络因其便捷性和无界性给公众提供了新的言论发表平台，但网络空间的匿名性和虚拟性又使之成为滋生网络暴力的温床。 所谓网络暴力，是指网民在网络上的暴力行为，是社会暴力在网络上的延伸。 其主要表现形式为：网民对某一事件发表攻击性、煽动性和侮辱性言论，造成当事人名誉损害；网民在网上散布谣言，歪曲事实真相；网民在网上公开当事人个人隐私，例如"人肉搜索"。

我们经常会在微博、网站上看到一些新闻和网民评论，发现大部分网民都有一种从众心理，它使部分网民丧失了自己的理性判断，多数网民对网络上的言论采取盲从的态度，这样一来，很快就形成一种滚雪球效应，当某些"意见领袖"的声音成为主流意见并形成强大的舆论合力时，网络暴力事件的发生就在所难免了。 舆论一边倒，缺少舆论的理性把关人和引导者。 在一些网络暴力事件面前，多数网民都是盲目的、无知的，他们自身其实对于事件并无准确的判断和认知，多数时候是被某些言论潮流牵着走，成为传播舆论，甚至攻击当事人的参与者，没有人真正站在准确真实的方向上来引导他们。

网络暴力就像网络雾霾，笼罩在互联网上空，毒害的是社会道德风气，危害的是网络生态秩序。 习近平总书记曾经强调"绿水青山，就是金山银山"，而网络空间的清朗、网络语言的净化、网络生态的健康，就是互联网世界的"绿水青山"，就是互联网行业的"金山银山"。 营造风清气正的网络空间，就要让文明、理性的声音占据网络言论的主流，那么，那些惯于使用语言暴力和谩骂攻击者也就会自觉退场或者改变其行为方式。 所以，关键是我们如何引导，让哪种思维方式和表达方式成为网络上的主流民意。

十一、网络决策:对接民意诉求的
痛点、热点、难点

互联网的发展是人类社会发展的产物,从现实世界构建虚拟的网络世界,这个网络世界又是以现实世界为基础,同时也是为现实世界服务的。网络的发展对人类的生活产生了巨大的影响,对政府决策也产生了很大的影响。 互联网对政府决策起到推动作用,提高行政效率;互联网对政府决策起到监督作用,促使廉洁行政;互联网使政府决策的信息来源更多,提高决策科学性。 民意在网络上得到了充分的表达,互联网的发展进一步推进了中国特色社会主义民主化进程。

167. 认识网络民意

信息时代,互联网在国内外各类重大事件中扮演着越来越重要的作用,网民就热点问题或重大议题展开激烈讨论,形成强大的舆论影响力。"网络民意"也成为当前中国社会民意表达的重要渠道,成为公职人员了解社情民意的重要来源,对现实政治乃至具体的国家公共决策产生实质性影响。

网络民意是指依托于互联网技术基础,以网络为平台,通过互联网上的论坛和社区、博客等手段自由发表评论和意见,聚合某种愿望和诉求,从而形成的一种新兴民意。 因此,网络民意是基于互联网技术支撑下的一种新的民意表达方式。 网络民意是在网络空间上以多种方式呈现出来的民众关于公共事务的意见,它与传统的民意表达不同,因为它依赖于网络这一新的虚拟空间，这一空间的匿名性、平等性给予了人们表达公共意见的热情和便利；同时，它也不同于网络上更为嘈杂、更为繁多的"闲言碎语"，也就是说，并不是网络上的每一种话语都有资格被称为"民意"，它们必须以特定的事件或话题为目标，具备社会意义上的公共相关性，否则，就与日常生活中的家长里短一样，无法承载任何公共责任。

网络民意作为一种史无前例的民意表达形式，网络民意为政府决策科学化、民主化提供了新的动力和机遇。网络民意对于政府决策的形成既能产生积极作用，也会产生消极影响。网络民意主要是借助网络公共舆论这一平台，在与政府权力部门的互动之中对政府决策发生实质性影响的。

168. 网络沟通能力

随着网络的普及，普通群众通过论坛、博客、微信、微博等渠道对社会现象、热点事件发表观点和看法，是参政议政的重要形式。在网络与人民生活联系日益紧密的今天，网络平台成为群众利益诉求的集散地，公职人员要将网上沟通作为了解民情、采集民意、汇聚民智的重要平台，重视这一平台的运用，学会利用该交流平台倾听群众呼声，结合实际调查分析，增强自身的民主决策能力，做亲民表率。

公职人员在与网民具体沟通时，要注意以下几点：一是要注意身份的平等性，在网上要把自己看成一个普通网民，与网民交流要以理服人，切忌居高临下、以权压人；二是要注意语言的契合性，自己要熟悉网络的话语方式，切忌官话连篇，要接网气，善于运用网言网语进行沟通；三是保持坦率真诚的心态，正视自己工作中的错误，赢得网民的理解和宽容；四是心理承受能力要强，面对网民尖锐过激的话语，应冷静对待。

169. 数字鸿沟

数字鸿沟，是指不同社会群体之间在拥有和使用现代信息技术方面存在的差距。 在信息技术席卷全球的时代，信息化尤其是互联网技术，在给人们带来无限便利、无尽机会、无穷可能的同时，也由于数字鸿沟的不断扩大，使鸿沟另一端的人只能隔沟兴叹，渐行渐远。 弱势群体在网络信息社会已经演变为信息弱势群体，他们难以靠自身表述获取、占有所需的信息，更难以将自己的诉求向决策层表达，获得公平的对待。

数字鸿沟通过影响网络民意进而影响网络决策。 信息时代，公众通过网络表达自己的意见，然而在经济不发达的地区，教育、科技等方面的相对滞后，数字鸿沟阻碍了公众在决策过程中意见的表达。 解决数字鸿沟问题，要在妇女、青年、老年人、残障人士、教育水平低下的人群以及低收入群体的教育、健康、数字技能等领域下功夫，给予弱势群体特别的关注，包括他们的特质、需要和需求等。

170. 群体极化

群体极化又称冒险性转移，是指团体成员一开始具有某些偏向，在商议后，群体成员的观点向着某一偏向的方向继续发展，或转向更加冒险，或转为更加保守，最终在群体决策的时候表现出极端的观点，同时群体中的各成员的个人观点也转向更为极端的方向。 网络群体极化现象会影响政府决策、司法公正、社会文化风气及社会治理，是社会深度转型期一个不容忽视的社会问题。

极端并非全是坏事，群体极化也具有积极的一面。 它能促进群体决策的意见统一，能够增强群体本身的内聚力，加强群体行为的行动力，加强群体成员之间的黏性。 例如废奴运动和女权运动，都曾一度被视为极端，但确实对社会进步产生了重要影响。 但不可否认，群体极化的弊端也很多。 一是它能使错误的判断和决定更趋极端，甚至会出现最后集体决策显然荒谬，但是每一个参与的成员都在参与过程中认同并自然顺从的荒唐局面。 二是它会减少异质化观点的存在，给多元化观点讨论带来阻碍。在群体中，一旦某种意见占据主流，其他持有不同看法的人通常就会调整自己的立场以符合主流方向,从而减少了多元化的讨论。

171. 网络谣言

近几年来伴随着互联网技术尤其是微博、微信等的发展,人们更有理由相信一个"我们有话说"的时代已悄然而至。 换言之,正是互联网以其特有的人文精神与科学精神,孕育了一个"人人都有麦克风"的时代。 同时,也打开了"政策窗口"使社会问题提上政策议程,使民意进入政策制定者的视野。 网络语境不仅培养了网民的民主意识,训练了其参政议政的能力,而且还通过汇聚并推动民意引导社会舆论,进而影响政府决策,对中国民主政治产生积极或消极的影响。

这个众声喧哗的"大众麦克风时代"为网络谣言的滋生提供了土壤。网络谣言的现实危害不少人深有体会:影响社会稳定,损害国家形象,损害公民名誉权,甚至损害公民的财产安全和人身安全。 同时,网络谣言的另一大危害也不容忽视,那就是网民的热情被利用、网民的正义感被亵渎。 这也为我们每位网民敲响了警钟:如果不加甄别,盲目传播谣言,让谣言"插上翅膀飞",其结果就是在不知不觉中成了造谣者的"帮凶"。应对谣言主要有三个步骤,一是分析谣言的真实指向。 谣言都是有目的的,找到背后动机,是根本性辟谣的关键。 否则,牛头不对马嘴,越辟谣越混乱、越被动。 二是全面掌握真相。 谣言是真相的杀手,也是真相的引路人。 迅速传播的谣言,往往代表着公众对特定真相的渴望。 必须全面掌握真相,才能赢得主动权。 三是快刀斩乱麻。 出现谣言不可怕,怕的是听之任之。

172. 网络会议

所谓网络会议就是指人们与同城乃至全世界的人共享文档、演示及协作,利用网络视频会议具备的因特网这一强大功能来举行网络会议,无须离开办公室。 在这个科学技术日新月异的时代，网络会议的出现为决策者提供了很大的便利。

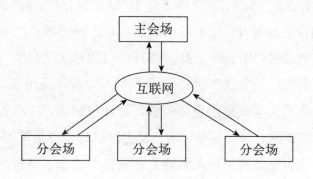

网络会议的实现

在 2020 年新冠肺炎疫情期间，作为我国最高国家权力机关的常设机关——全国人大常委会召开的两次常委会会议，即 2020 年 2 月 24 日召开的十三届全国人大常委会第十六次会议、2020 年 4 月 26 日下午开幕的十三届全国人大常委会第十七次会议，均是以在京常委会组成人员现场出席、京外常委会委员等部分委员网络视频出席相结合的方式举行，这种形式在全国人大常委会历史上是首次。

2020 年 2 月 24 日下午，十三届全国人大常委会十六次会议在北京人民大会堂常委会会议厅召开。 在表决议案的环节，现场出席会议的全国人大常委会委员使用电子表决器表决，没在现场的全国人大常委会委员则远程举手表决。 这种远程视频举手表决的方式，正是网络决策的一个生动体现。

173.网络听证

当前，互联网高度发达和普及，网络世界已经成为与实体世界并行的"第二空间"，人们在网上组织开展各种形式的公共活动，以及通过网络表情达意，做各种事情已经成为一种常态。 在这种情况下，网络听证便应运而生。

2018 年，国家发展改革委颁布了修订的《政府制定价格听证办法》（以下简称《办法》），于 2019 年 1 月 10 日起施行。《办法》为适应现代网络技术的发展和普及，增加网络听证，丰富听证形式。毫无疑问，扩大听证范围，增加网络听证，是此次修订的《办法》的一大亮点，甫一公布，便引发人们的广泛关注和讨论。众所周知，听证是国家、政府在制定政策规定、确定重大事项前的重要步骤，是开门纳谏，广泛听取社会意见建议，平衡各方诉求，确保科学行政、民主参政与合理施策的有效手段。

近年来，从中央最高领导人到地方各级公职人员，纷纷利用网络问计于民、听政于民，并且切实解决了广大人民群众反映强烈的问题。网络听证已经有力地推动了党和政府改善党群关系、干群关系，服务群众，改进工作方式与执政方式。但也应当看到网络听证面临的诸多问题，比如，网络听证往往被所谓"民意代表"所垄断，有的地方网络听证成为官员作秀的工具，有的地方"听证"往往因领导的喜好而兴，又因领导的冷淡而出现"人走茶凉"的尴尬。因此，网络听证还需要进一步探索实践和不断加以完善。

174. 书记信箱

书记信箱是指网友可以将对街道发展的意见建议和发生在身边的困难事、烦心事以图文形式通过信箱直接反映给街道书记。书记信箱不仅仅是一个信箱，还是密切党群关系的平台、桥梁、纽带，畅通拓展辖区群众诉求表达、权益保障的渠道。书记信箱看似解决的很多都是小事，但如果能将群众反映的一件件小事办好了，那就真正是办了一件大事。书记信箱设立的初衷是为了更好地汇聚民意、服务民生，倾听基层群众的诉求和心声，为辖区群众排忧解难，同时也鼓励社会各界为本地发展建言献策，共建美好家园。

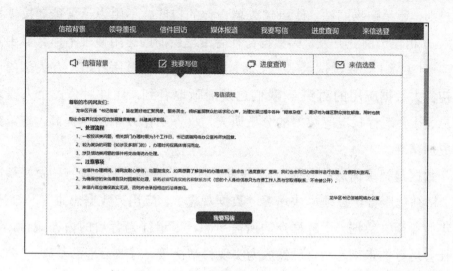

书记信箱界面

175. 网上司法确认

新冠肺炎疫情期间，为了在特殊情况下满足群众的司法需求，法院推出了多项便民举措，网上司法确认就是其中一项。当事人从立案到开庭一次都不用去法院，就能拿到盖着法院红章的裁定书。司法确认和法院形成一个绿色通道一站式服务，从人民调解协议的达成出具申请书到法院申请司法确认，调解员全程予以办理，并把所有的协议材料都提交给法院，法官审核之后会启动网上调解网上司法确认。这种形式切实保障了当事人不进法院、不见面也能维护自身权益，在为群众带来便利的同时也极大地提高了办事效率。

176. 大数据下的决策

大数据，堪称新兴技术赋予当下社会的巨大财富。在这个"上网即留痕"的世界，基于大量用户信息的新业态蓬勃兴起。你会发现，不论新闻

197

客户端，还是购物网站，使用越久越合你的口味，不用说话就能"按需推送"。 相较于商业开发，大数据在社会治理层面的运用似乎不那么显山露水。 但实际上，通过试水掌上交通、电子缴税、智慧医疗等，有关部门已经初尝大数据应用的甜头。 我们愈发清晰地看到，通过对公民个人需求信息、社会运行状况等数据的分析研究，政务工作效率迅速提高，施策方向更加精准。

数据是记录信息的载体。 更快发现社会治理的堵点、痛点，做好精准化、精细化服务，必须尽快培养"数据观念"、应用"数据思维"。 充分采集并盘活大数据，了解群众的所需所想，揭示行为背后的内在规律，发现社会运行的未来趋势，已然成为实现科学决策、有效治理的基础。 公职人员要想快速抓取信息就要善于获取数据、分析数据、运用数据，利用数据推进各项工作。 这样，群众办事"跑断腿"、社会管理"粗线条"、部门信息"不并联"、政府决策"样本少"等现象才会更少一些，政府才能更好地进行决策。

十二、网络安全:互联网时代的严肃课题

科技改变世界,网络丰富生活。 互联网虽然让人们拉近了距离,联系变得越来越方便快捷和紧密,但是网络安全问题也随之产生。 风靡全球的勒索病毒和挖矿病毒、花样百出的电信诈骗、公共场所的 Wi-Fi 陷阱、防不胜防的个人信息泄露等危害事件时有发生,使我国网络安全面临层出不穷的新问题。 维护网络安全是全社会共同的责任,需要政府、企业、社会组织、广大网民共同参与,共筑网络安全防线。 只有把网络安全意识上升并贯彻到全社会的层面中,网络安全的防线才能牢驻不倒。

177. 网络安全的定义

网络安全是指网络系统的硬件、软件及其系统中的数据受到保护,不因偶然的或者恶意的原因而受到破坏、更改、泄露,系统连续可靠地运行,网络服务不中断。 简而言之就是虚拟的数据也要得到保护。 网络安全具有保密性、完整性、可用性、可控性、可审查性的特性。

网络安全受到威胁,往往是一些不法分子通过网络,利用技术手段侵入其他人的电脑中,或窃取数据或破坏数据。 窃取数据是为了获取信息,他们通过技术手段来获取相关信息,再将其出售给诈骗集团。 破坏数据则是指篡改计算机系统中的数据,使得这些数据中反应的信息对其有利,从而获利。 而这些技术不仅仅是单纯通过不法行为来进行牟利,更为重要的是将个人隐私泄露出去,使个人信息变得透明,从而产生"透明危机"。

危害网络安全的行为包括三种类型:一是直接非法侵入他人网络、干扰他人网络正常功能或者窃取网络数据;二是为他人实施上述行为提供专门的

程序和工具;三是明知他人从事危害网络安全的活动,而为其提供技术支持、广告推广、支付结算等帮助行为。 这些行为都要受到相应的处罚。

178. 网络运营者的义务

《中华人民共和国网络安全法》规定的网络运营者,是指网络的所有者、管理者和网络服务提供者。 网络运营者应当按照网络安全等级保护制度的要求,保障网络免受干扰、破坏或者未经授权的访问,防止网络数据泄露或者被窃取、篡改,网络运营者应当履行下列安全保护义务。

(1)制定内部安全管理制度和操作规程,确定网络安全负责人,落实网络安全保护责任;

(2)采取防范计算机病毒和网络攻击、网络侵入等危害网络安全行为的技术措施;

(3)采取监测、记录网络运行状态、网络安全事件的技术措施,并按照规定留存相关的网络日志不少于六个月;

(4)采取数据分类、重要数据备份和加密等措施;

(5)法律、行政法规规定的其他义务。

179. 个人信息泄露途径

随着大数据时代的到来,个人信息的重要性不言而喻。 个人信息主要包括:姓名、性别、年龄、身份证号码、电话号码及家庭住址等在内的个人基本信息;网银账号、第三方支付账号、社交账号、邮箱账号等账户信息;通讯录信息、通话记录、短信记录、聊天记录、个人视频、照片等隐私信息以及自己的设备信息、社会关系信息、网络行为信息等。

这些个人信息泄露后可能会面临垃圾短信、骚扰电话的烦恼,还有个人身份被冒用这类较为严重的问题。 同时,个人信息泄露是诈骗成功实施的关键因素,不法分子在精准掌握用户个人信息的前提下,能编造出迷惑性更高的诈骗场景,继而对公众实施欺诈。因此,了解个人信息泄露途径就显得尤为重要。

(1)各类单据

快递包装上的物流单含有网购者的姓名、电话、住址等信息,网友收到货物后不经意把快递单扔掉导致信息泄露;火车票实行实名制后,车票上印有购票者的姓名、身份证号等信息,很多人在乘坐完火车后,会顺手丢弃火车票,不法分子一旦捡到,就可以通过读票仪器窃取车票中的个人信息;在刷卡购物的纸质对账单上,记录了持卡人的姓名、银行卡号、消费记录等信息,随意丢弃同样会造成个人信息泄露。

(2)社交细节

使用微博、微信等社交工具与人进行线上互动时,不自觉透露姓名、职务、单位等信息;朋友圈发动态时,无意中暴露的姓名、工作地址、居住地址等;部分网友旅行发朋友圈打卡、晒火车票、登机牌时,忘了将身份证号码、二维码等敏感信息进行模糊处理……这些网上社交的小细节,都有可能泄露自己的个人信息。

(3)网购平台

网上购物平台需要注册信息,如手机号,QQ号码等。通过这些,不法分子可以从QQ资料、空间等渠道获得更多个人信息。

(4)有奖活动

在街上,人们有时候会碰到商家邀请参加"调查问卷表"、购物抽奖活动或者申请免费邮寄会员卡等活动,他们一般会要求路人填写详细联系方式和家庭住址等,从而获取路人的个人信息。

(5)海投简历

大部分人找工作都是通过网上投简历的方式进行,而简历中的个人信息一应俱全,这些内容可能会被不法分子利用,以极低价格转手。不法分子可以通过这些私人信息进行违法犯罪活动。

（6）打印资料

各类考试报名、参加网校学习班等，经常需要登记个人信息。一些打印店、复印店为了牟利，会将客户信息资料存档留底，然后转手卖掉。

（7）个性化服务

很多个性化服务都需要个人信息，以 LBS（基于位置的服务）为例，不少商家与社交网站合作，通过无线网络确定用户位置，从而推送商品或服务。更为可怕的是用户被实时"监控"，信息的泄露为诈骗、绑架勒索等大开方便之门。

180. 个人信息保护方法

随着互联网的不断升级和发展，人们在工作和学习中会频繁接触到数据，数据俨然已成为一种重要生产资料和宝贵资产。这其中，个人网络行为信息，因其能够转化为潜在消费行为的数据资源，更加具有稀缺性和经济价值，也成为各类网站和手机应用追逐的对象。在现实生活中，各种信息泄露事件层出不穷。

如何避免个人信息泄露呢？以下八个建议帮您远离侵害：

（1）在处理快递单等含有个人信息资料的文件时，先抹掉个人信息再丢弃；

（2）在外使用公共网络，下线要先清理痕迹，或者开启隐私模式；

（3）在使用互联网的过程中，不要随意留下个人信息；

（4）网上留电话号码，数字间用"—"隔开避免被搜索到；

（5）朋友圈晒照片，一定要谨慎，尽量不晒包含个人信息的照片；

（6）一般情况下，简历只提供必要信息。家庭信息，身份证号码等不要过于详细；

（7）注册各类社交平台、网购平台等尽量使用较复杂的密码；

（8）及时关闭手机 Wi-Fi 功能，在公共场所不要随便使用免费 Wi-Fi。

181. 微博客平台的责任

微博客为广大网民获取资讯、休闲娱乐、情感交流和分享倾诉提供了重要平台,极大地丰富了人民群众的精神文化生活。 与此同时,部分服务提供者安全责任意识不强,管理措施和技术保障能力不健全不到位,造成一些不法分子炮制的低俗色情、民族歧视、谣言诈骗、传销赌博等违法违规有害信息传播扩散,损害公民、法人和其他组织合法权益,影响健康有序的网络传播秩序。

《微博客信息服务管理规定》对微博客平台作了如下规定:微博客服务提供者应当落实信息内容安全管理主体责任。 具体来说,主要有以下几个方面:一是建立健全各项管理制度,具有安全可控的技术保障和防范措施,配备与服务规模相适应的管理人员。 二是制定平台服务规则,与微博客服务使用者签订服务协议,明确双方权利义务。 三是按照"后台实名、前台自愿"原则,对使用者进行真实身份信息认证,并保障使用者个人信息安全。四是建立健全辟谣机制,发现谣言或不实信息,主动辟谣。 五是发现法律法规禁止的信息内容,立即采取相应处置措施。 六是自觉接受社会公众和行业组织监督,设置便捷的投诉举报入口,及时处理公众投诉举报。

182. 漏洞的含义

漏洞是在硬件、软件、协议的具体实现或系统安全策略上存在的缺陷,从而可以使攻击者能够在未授权的情况下访问或破坏系统。 世界上没有不透风的墙,同样,也没有无漏洞的系统。 在开发人员的开发过程中,一个大型的系统需要各种语言进行数万乃至数百万行的代码。 编译软件的编译过程中只能检测到语法问题,但是一些微小的缺陷是不会被检测出来的。 另外,对于大型系统,数十万行的代码运行起来的效果总是会大大出乎编译人员的预料,由此产生大量的漏洞。 另外由于采用了不同的语言,互相之间的接口、兼容就会出现不可预知的问题。 另外个人的编程习惯也会影响计算机对于编程人员初衷的误解。

183. 补丁的含义

补丁是指对于大型软件系统(如微软操作系统)在使用过程中暴露的问题（一般由黑客或病毒设计者发现）而发布的解决问题的小程序。 就像衣服破了就要打补丁一样，人编写程序不可能十全十美的，所以软件也免不了会出现漏洞。 补丁是基于应对计算机中存在的漏洞，更好地优化计算机的性能而产生。 补丁按照其影响的大小可分为：

(1)"高危漏洞"的补丁，这些漏洞可能会被木马、病毒利用，应立即修复。

(2)软件安全更新的补丁，用于修复一些流行软件的严重安全漏洞，建议立即修复。

(3)可选的高危漏洞补丁，这些补丁安装后可能引起电脑和软件无法正常使用，应谨慎选择。

(4)其他及功能性更新补丁，主要用于更新系统或软件的功能，可根据需要有选择性地进行安装。

(5)无效补丁，根据失效原因不同又可分为：①已过期补丁，这些补丁主要可能因为未及时安装，后又被其他补丁替代，无须再安装。 ②已忽略补丁，这些补丁在安装前进行检查，发现不适合当前的系统环境，补丁软件智能忽略。 ③已屏蔽补丁，因不支持操作系统或当前系统环境等原因已被智能屏蔽。

184. 认识计算机病毒

计算机病毒（Computer Virus）是编制者在计算机程序中插入的破坏计算机功能或者数据的代码，能影响计算机使用，能自我复制的一组计算机指令或者程序代码。 简单来讲，计算机病毒是一种人为制造的、在计算机运行中对计算机信息系统起破坏作用的程序。

严格地从概念上讲,计算机病毒是恶意代码的一种,即可感染的依附性恶意代码。 实际上,目前发现的恶意代码几乎都是混合型的计算机病毒,即除了具有纯粹意义上的病毒特征外,还带有其他类型恶意代码的特征。

恶意代码的分类实例

类别	实例
不感染的依附性恶意代码	特洛伊木马 (Trojan horse)
不感染的独立性恶意代码	恶作剧 (Hoax)
可感染的依附性恶意代码	病毒 (Virus)
可感染的独立性恶意代码	蠕虫 (Worm)

185. 著名计算机病毒

(1)红色代码

"红色代码"病毒是 2001 年 7 月 15 日发现的一种网络蠕虫病毒。"红色代码"蠕虫采用了一种叫作"缓存区溢出"的黑客技术,利用微软 LLS 的漏洞,使用服务器的端口 80 进行传播,而这个端口正是 web 服务器与浏览器进行信息交流的渠道。 与其他病毒不同的是,"红色代码"并不将病毒信息写入被攻击服务器的硬盘,它只是驻留在被攻击服务器的内存中。 当时大约在世界范围内造成了 280 万美元的损失。

(2)熊猫烧香

2006 年,名为"熊猫烧香"的计算机蠕虫病毒感染了数百万台计算机。 熊猫烧香是一种经过多次变种的蠕虫病毒,由来自湖北的 25 岁的李俊于 2006 年 10 月 16 日编写,2007 年 1 月初肆虐网络。 这是一波计算机病毒蔓延的狂潮。 在极短时间之内就可以感染几千台计算机,严重时可以导致网络瘫痪。 熊猫烧香能感染系统中"exe""com""pif""src"

"html""asp"等文件，它还能终止
大量的反病毒软件进程并且删除扩展
名为"gho"的备份文件。 被感染的
用户系统中所有"exe"可执行文件全
部被改成熊猫举着三根香的模样。

"熊猫烧香"病毒

那只憨态可掬、颌首敬香的"熊
猫"除而不尽。 反病毒工程师们将它
命名为"尼姆亚"。 这个病毒的变种
数量竟然接近 100 种，病毒变种使用户的计算机中毒后可能会出现蓝屏、
频繁重启以及系统硬盘中数据文件被破坏等现象。 同时，该病毒的某些
变种可以通过局域网进行传播，进而感染局域网内所有计算机系统，最终
导致企业局域网瘫痪，无法正常使用。

（3）WannaCry

勒索病毒是一种新型电脑病毒，主要以邮件、程序木马、网页挂马的
形式进行传播。 该病毒性质恶劣、危害极大，一旦感染将给用户带来无法
估量的损失。 这种病毒利用各种加密算法对文件进行加密，被感染者一
般无法解密，必须拿到解密的私钥才有可能破解。

2017 年 5 月 12 日，一款名叫"WannaCry"的 "蠕虫式"勒索病毒肆
虐全球，短短一天时间内，英国超过 40 家医院遭到大范围网络黑客攻击，
71 个国家受到严重攻击，国内也有多家高校校园网沦陷。 据悉，Wan-
naCry 是通过攻击 Windows 系统 445 端口漏洞（MS17－010）来达到传播
目的，短时间内即可感染一个系统内的全部电脑，日常所能用到的所有格
式：文档、图片、影音、视频，都被自动加密。 而受到攻击的电脑，无不
意外地都会弹出一个勒索对话框，要求被攻击者向黑客缴纳一定数量的比
特币方可恢复数据。

186. 常见计算机病毒种类

（1）木马病毒

木马病毒其前缀是 Trojan，以盗取用户信息为目的。木马病毒是指通过特定的程序（木马程序）来控制另一台计算机。木马通常有两个可执行程序：一个是控制端，另一个是被控制端。木马程序是目前比较流行的病毒文件，与一般的病毒不同，它不会自我繁殖，也并不刻意地去感染其他文件，它通过将自身伪装从而吸引用户下载执行，向施种木马者提供打开被种主机的门户，使施种者可以任意毁坏、窃取被种者的文件，甚至远程操控被种主机。木马病毒的产生严重危害着现代网络的安全运行。

（2）系统病毒

系统病毒的前缀为 Win32、PE、Win95、W32、W95 等。其主要感染 windows 系统的可执行文件，例如"＊.exe"和"＊.dll"文件，并通过这些文件进行传播。如 CIH 病毒。CIH 病毒是一种能够破坏计算机系统硬件的恶性病毒。最早随国际两大盗版集团贩卖的盗版光盘在欧美等地广泛传播，随后进一步通过 Internet 传播到全世界各个角落。

（3）蠕虫病毒

蠕虫病毒的前缀是 Worm。最初的蠕虫病毒名称来源是因为在 DOS 环境下，病毒发作时会在屏幕上出现一条类似虫子的东西，胡乱吞吃屏幕上的字母并将其改形。蠕虫病毒是一种常见的计算机病毒，主要是通过网络或者系统漏洞进行传播。它是利用网络进行复制和传播，传染途径是通过网络和电子邮件。很大部分的蠕虫病毒都有向外发送带毒邮件，阻塞网络的特性。比如冲击波（阻塞网络），小邮差（发送带毒邮件）等。

（4）脚本病毒

脚本病毒的前缀是 Script。其特点是采用脚本语言编写。脚本病毒的前缀是：Script。脚本病毒的共有特性是使用脚本语言编写，通过网页进行的传播的病毒,如红色代码(Script. Redlof)。 脚本病毒还会有如下前缀:VBS、JS(表明是何种脚本编写的),如欢乐时光(VBS. Happytime)、十四日(JS. Fortnight. c. s)等。

(5)后门病毒

后门病毒的前缀是 Backdoor。 其通过网络传播,并在系统中打开后门。 给用户电脑带来安全隐患。

(6)宏病毒

宏病毒是一种寄存在文档或模板的宏中的计算机病毒。 一旦打开这样的文档,其中的宏就会被执行,于是宏病毒就会被激活,转移到计算机上,并驻留在 Normal 模板上。 此后,所有自动保存的文档都会"感染"上这种宏病毒,而且如果其他用户打开了感染病毒的文档,宏病毒又会转移到其他的计算机上。

(7)破坏性程序病毒

破坏性程序病毒的前缀是 Harm。 其一般会对系统造成明显的破坏,如格式化硬盘等。 这类病毒的共有特性是利用本身好看的图标来诱惑用户点击,当用户点击这类病毒时,病毒便会直接对用户计算机产生破坏。

(8)玩笑病毒

玩笑病毒的前缀是 Joke。 是恶作剧性质的病毒,通常不会造成实质性的破坏。 当用户点击这类病毒时,病毒会做出各种破坏操作来吓唬用户,其实病毒并没有对用户电脑进行任何破坏。

(9)捆绑机病毒

捆绑机病毒的前缀是 Binder。 这是一类会和其他特定应用程序捆绑在一起的病毒。 这类病毒的共有特性是病毒作者会使用特定的捆绑程序将病毒与一些应用程序如 QQ、IE 捆绑起来,表面上看是一个正常的文件,当用户运行这些应用程序时,捆绑在一起的病毒也会被运行起来,从而给用户造成危害。

187. 计算机病毒的特性

(1)寄生性

计算机病毒寄生在其他程序之中,当执行这个程序时,病毒就起破坏作用,而在未启动这个程序之前,它是不易被人发觉的。

(2)传染性

计算机病毒传染性是指计算机病毒通过修改别的程序将自身的复制品或其变种传染到其他无毒的对象上,这些对象可以是一个程序也可以是系统中的某一个部件。 一旦病毒被复制或产生变种,其速度之快令人难以预防。

(3)潜伏性

有些病毒像定时炸弹一样,让它什么时候发作是预先设计好的。 比如黑色星期五病毒,不到预定时间一点都觉察不出来,等到条件具备的时候一下子就爆炸开来,对系统进行破坏。

(4)隐蔽性

计算机病毒具有很强的隐蔽性,有的可以通过病毒软件检查出来,有的根本就查不出来,有的时隐时现、变化无常,这类病毒处理起来通常很困难。

(5)破坏性

病毒入侵计算机后,会占用系统资源,可能导致系统崩溃,也可能导致正常的程序无法运行,计算机内的文件或被删除或受到不同程度的损坏,从而降低了计算机的工作效率。

(6)可触发性

为了隐蔽自己,病毒必须潜伏,少做动作。 如果完全不动,一直潜伏的话,病毒既不能感染也不能进行破坏,便失去了杀伤力。 病毒既要隐蔽又要维持杀伤力,它必须具有可触发性。

188. 病毒对计算机的影响

计算机受到病毒感染后,会表现出以下不同的症状,给用户带来一些麻烦，影响用户的正常使用。

（1）机器不能正常启动

加电后机器根本不能启动，或者可以启动，但所需要的时间比原来的启动时间变长了。有时会突然出现黑屏现象。

（2）运行速度降低

如果发现在运行某个程序时，读取数据的时间比原来长，存文件或调文件的时间都增加了，那就可能是由于病毒造成的。

（3）磁盘空间迅速变小

由于病毒程序要进驻内存，并不断繁殖，因此使内存空间变小甚至变为"0"，用户无法储存信息。

（4）文件内容和长度有所改变

一个文件存入磁盘后，本来它的长度和其内容都不会改变，可是由于病毒的干扰，文件长度可能改变，文件内容也可能出现乱码。有时文件内容无法显示或显示后又消失了。

（5）经常出现"死机"现象

正常的操作是不会造成死机现象的，即使是初学者，命令输入不对也不会死机。如果机器经常死机，那可能是由于系统被病毒感染了。

（6）外部设备工作异常

因为外部设备受系统的控制，如果机器中有病毒，外部设备在工作时可能会出现一些异常情况，出现一些用理论或经验说不清道不明的现象。

以上仅列出一些比较常见的病毒表现形式，肯定还会遇到一些其他的特殊现象，这就需要由用户自己来判断了。

189. 计算机病毒的预防

计算机病毒如何预防呢？首先，在思想上重视，加强管理，防止病毒的入侵。凡是从外来的磁盘往计算机中拷贝信息，都应该先对磁盘进行查毒，若有病毒必须清除，这样可以保证计算机不被新的病毒传染。 此外，由于病毒具有潜伏性，某些旧病毒可能会隐藏在计算机中，一旦时机成熟这些旧病毒就会发作，所以，要经常对磁盘进行检查，若发现病毒就及时杀除。 思想重视是基础，采取有效的查杀病毒方法是技术保证。 检查病毒与清除病毒目前通常有两种手段，一种是在计算机中加一块防病毒卡，另一种是使用防病毒软件。 两者的工作原理基本一样，但一般用防病毒软件的用户更多一些。 切记要注意一点，预防与清除病毒是一项长期的工作任务，不是一劳永逸的，应坚持不懈。

190. 认识网络黑客

在互联网世界，我们经常听到一种称谓——"黑客"，在一般人的心目中，似乎是拥有高超电脑技术的坏人。 其实黑客是对计算机或其他电子设备系统的硬件、编程、设计具有高度认识和操作能力技术的人，能够利用系统或软件的漏洞，轻松入侵其他的电脑或其他电子设备系统。 在道德上，黑客不一定是坏人，有些黑客是通过入侵研究系统的漏洞，目的在于发展技术，完善系统；而有些黑客则为了炫耀自身技术或追求自身利益而窃取破坏他人信息。

目前，在实施网络攻击中，黑客所使用的入侵技术主要包括以下几种：协议漏洞渗透、密码分析还原、应用漏洞分析与渗透、拒绝服务攻击、病毒或后门攻击等。 防范黑客入侵，需要我们在日常生活中，谨慎点开陌生邮件，启用防火墙，提高口令强度，安装网络病毒拦截杀灭软件，不浏览不安全的网站。

191. 防火墙的作用

防火墙是指在本地网络与外界网络之间的一道防御系统，是这一类防范措施的总称，防火墙是在两个网络通信时执行的一种访问控制尺度，它能允许同意通过的用户和数据进入网络。同时拒绝不被同意通过的用户和数据进入,从而保护本地网络免受非法用户的侵入。

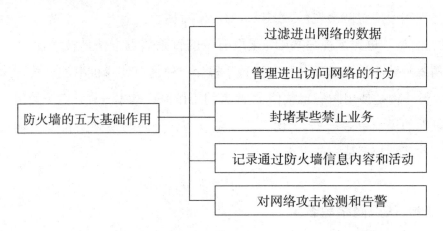

防火墙的五大基础作用

- 过滤进出网络的数据
- 管理进出访问网络的行为
- 封堵某些禁止业务
- 记录通过防火墙信息内容和活动
- 对网络攻击检测和告警

防火墙的五大基础作用

防火墙对流经它的网络通信进行扫描,这样能够过滤掉一些攻击,以免其在目标计算机上被执行。防火墙还可以关闭不使用的端口。而且它还能禁止特定端口的流出通信,封锁特洛伊木马。最后,它可以禁止来自特殊站点的访问,从而防止来自不明入侵者的所有通信。

192. 常用杀毒软件

(1)腾讯电脑管家

腾讯电脑管家

腾讯电脑管家是腾讯公司推出的免费安全软件。 拥有云查杀木马、系统加速、漏洞修复、实时防护、网速保护、电脑诊所、健康小助手、桌面整理、文档保护等功能。 在针对网络钓鱼欺诈及盗号打击方面和安全防护及病毒查杀方面的能力已达到国际一流杀毒软件的水平。

（2）360 安全卫士

360 安全卫士是一款由奇虎 360 公司推出的一款免费杀毒软件，因其功能强、效果好，受到用户的普遍欢迎。 360 安全卫士拥有查杀木马、清理插件、修复漏洞、电脑体检、电脑救援、保护隐私，电脑专家，清理垃圾，清理痕迹等多种功能。 360 安全卫士独创了"木马防火墙""360 密盘"等功能，依靠抢先侦测和云端鉴别，可全面、智能地拦截各类木马，保护用户的账号、隐私等重要信息。

360 **安全卫士**

（3）2345 安全卫士

2345 安全卫士是集电脑体检、木马查杀、垃圾清理、修复系统漏洞、系统加速、软件管理等功能为一体的电脑安全管理软件。 2345 安全卫士采用最新的云计算技术以及全新的第三代查杀引擎，五重环绕式系统防护有效查杀各类新型流行木马，并且占用电脑磁盘空间小，闪电查杀更快更安全。

2345 **安全卫士**

(4)诺顿杀毒软件

诺顿杀毒软件是和卡巴斯基齐名的顶尖杀毒软件，是由 Symantec 公司推出的一款个人信息安全产品。 该项产品发展至今，除了原有的防毒功能外，还有防间谍等网络安全风险的功能。 诺顿反病毒产品包括：诺顿防病毒软件、诺顿网络安全特警、诺顿 360 等产品。

诺顿杀毒软件的标志

（5）卡巴斯基

卡巴斯基是一款来自俄罗斯的软件，以其创始人尤金·卡巴斯基命名，是全球最顶尖的杀毒软件之一。该款杀毒软件的缺点是占用 CPU 资源较多，尤其是扫描和更新时，对 CPU 的占用较大，对硬件要求过高，现在最新的版本对计算机资源占用作了进一步的改善。

KASPERSKY lab

卡巴斯基的标志

（6）金山毒霸

金山杀毒软件是国内首个通过三黄标认证的中国名牌产品，之前一直收费，2010 年 11 月 10 日开始永久免费，是目前较好的免费杀毒软件之一。金山毒霸是由金山联合小米、可牛出品的杀毒软件，中国杀毒软件免费在很大程度上是受到金山毒霸的推进。

金山毒霸的标志

193. **网络身份证**

VIEID 即俗称的网络身份证，VIEID 的普及是互联网实名制的根本前提。 VIEID 是互联网络信息世界中标识用户身份的工具，用于在网络通讯中识别通讯各方的身份及表明我们的身份或某种资格。

例如当用户注册使用了 Facebook、QQ 等，在用户的网络身份证管理中心就能直接使用这些服务而不需要再输入账号密码，在不想使用某一项服务时，直接在网络身份证管理中心注销即可。 有了 VIEID，互联网的每一位用户都可以相互信任彼此的身份，同时，严格且完善的隐私管理机制也使得用户的个人信息免遭泄露。

194. **重要敏感信息**

重要敏感信息是指不涉及国家秘密，但与国家安全、经济发展、社会稳定以及企业和公众利益密切相关的信息，这些信息一旦未经授权披露、丢失、滥用、篡改或销毁，可能造成以下后果：

(1)损害国防、国际关系；

(2)损害国家财产、公共利益以及个人财产或人身安全；

(3)影响国家预防和打击经济与军事间谍、政治渗透、有组织犯罪等；

(4)影响行政机关依法调查处理违法、渎职行为，或涉嫌违法、渎职行为；

(5)干扰政府部门依法公正地开展监督、管理、检查、审计等行政活动，妨碍政府部门履行职责；

(6)危害国家关键基础设施、政府信息系统安全；

(7)影响市场秩序，造成不公平竞争，破坏市场规律；

(8)可推论出国家秘密事项；

(9)侵犯个人隐私、企业商业秘密和知识产权；

(10)损害国家、企业、个人的其他利益和声誉。

195. 七类网络安全事件

网络安全事件分为有害程序事件、网络攻击事件、信息破坏事件、信息内容安全事件、设备设施故障、灾害性事件和其他网络安全事件等。

(1)有害程序事件分为计算机病毒事件、蠕虫事件、特洛伊木马事件、僵尸网络事件、混合程序攻击事件、网页内嵌恶意代码事件和其他有害程序事件。

(2)网络攻击事件分为拒绝服务攻击事件、后门攻击事件、漏洞攻击事件、网络扫描窃听事件、网络钓鱼事件、干扰事件和其他网络攻击事件。

(3)信息破坏事件分为信息篡改事件、信息假冒事件、信息泄露事件、信息窃取事件、信息丢失事件和其他信息破坏事件。

(4)信息内容安全事件是指通过网络传播法律法规禁止信息,组织非法串联、煽动集会游行或炒作敏感问题并危害国家安全、社会稳定和公众利益的事件。

(5)设备设施故障分为软硬件自身故障、外围保障设施故障、人为破坏事故和其他设备设施故障。

(6)灾害性事件是指由自然灾害等其他突发事件导致的网络安全事件。

(7)其他事件是指不能归为以上分类的网络安全事件。

196. 各类预警响应

(1)红色预警响应

①应急办组织预警响应工作,联系专家和有关机构,组织对事态发展情况进行跟踪研判,研究制定防范措施和应急工作方案,协调组织资源调

度和部门联动的各项准备工作。

②有关省(区、市)、部门网络安全事件应急指挥机构实行 24 小时值班,相关人员保持通信联络畅通。 加强网络安全事件监测和事态发展信息搜集工作,组织指导应急支撑队伍、相关运行单位开展应急处置或准备、风险评估和控制工作,重要情况报应急办。

③国家网络安全应急技术支撑队伍进入待命状态,针对预警信息研究制定应对方案,检查应急车辆、设备、软件工具等,确保处于良好状态。

(2)橙色预警响应

①有关省(区、市)、部门网络安全事件应急指挥机构启动相应应急预案,组织开展预警响应工作,做好风险评估、应急准备和风险控制工作。

②有关省(区、市)、部门及时将事态发展情况报应急办。 应急办密切关注事态发展,有关重大事项及时通报相关省(区、市)和部门。

③国家网络安全应急技术支撑队伍保持联络畅通,检查应急车辆、设备、软件工具等,确保处于良好状态。

(3)黄色、蓝色预警响应

有关地区、部门网络安全事件应急指挥机构启动相应应急预案,指导组织开展预警响应。

197.网络安全事件分级

网络安全事件发生后,相关单位应立即启动应急预案,实施处置并及时报送信息。 各有关地区、部门要及时处置,控制事态,消除隐患。 同时要组织研判,注意保存证据,做好信息通报工作。 对于初判为特别重大、重大网络安全事件的,要即刻报告应急办。 网络安全事件分为四级:特别重大网络安全事件、重大网络安全事件、较大网络安全事件、一般网络安全事件。

(1)符合下列情形之一的,为特别重大网络安全事件:

①重要网络和信息系统遭受特别严重的系统损失，造成系统大面积瘫痪，丧失业务处理能力。

②国家秘密信息、重要敏感信息和关键数据丢失或被窃取、篡改、假冒，对国家安全和社会稳定构成特别严重威胁。

③其他对国家安全、社会秩序、经济建设和公众利益构成特别严重威胁、造成特别严重影响的网络安全事件。

(2)符合下列情形之一且未达到特别重大网络安全事件的，为重大网络安全事件：

①重要网络和信息系统遭受严重的系统损失，造成系统长时间中断或局部瘫痪，业务处理能力受到极大影响。

②国家秘密信息、重要敏感信息和关键数据丢失或被窃取、篡改、假冒，对国家安全和社会稳定构成严重威胁。

③其他对国家安全、社会秩序、经济建设和公众利益构成严重威胁、造成严重影响的网络安全事件。

(3)符合下列情形之一且未达到重大网络安全事件的，为较大网络安全事件：

①重要网络和信息系统遭受较大的系统损失，造成系统中断，明显影响系统效率，业务处理能力受到影响。

②国家秘密信息、重要敏感信息和关键数据丢失或被窃取、篡改、假冒，对国家安全和社会稳定构成较严重威胁。

③其他对国家安全、社会秩序、经济建设和公众利益构成较严重威胁、造成较严重影响的网络安全事件。

(4)除上述情形外，对国家安全、社会秩序、经济建设和公众利益构成一定威胁、造成一定影响的网络安全事件，为一般网络安全事件。

198. 钓鱼网站

互联网的发展给我们的生活带来很多便利的同时，也伴随着很多诈骗事件的发生。"钓鱼网站"是一种网络欺诈行为，指不法分子利用各种手段，仿冒真实的网站地址以及页面内容，或者利用真实网站服务程序上的漏洞在站点的某些网页中插入危险的 HTML 代码，以此来骗取用户银行账号、密码等私人资料。移动互联网时代，钓鱼网站已从 PC 端向手机端发展，并且转移势头较为迅猛，成为用户手机安全新威胁。

钓鱼网站常借"限时抢购""秒杀"等噱头，让用户不假思索地提供个人信息和银行账号，这些黑心网站主便可直接获取用户输入的个人资料和网银账号密码信息，进而获利。怎样辨别网站是否为钓鱼网站？第一，检查该网站有没有公布详细的经营地址和电话号码；第二，检查公司所在地与注册地址是否相同；第三，检查网站是否提供用实名登记的联系方式；第四，检查版权所有地址与固定电话所在地址是否一致；第五，检查网站货物的价格是否低于正常价很多。

我们身处信息时代，在享受互联网带来的便利时，更要保护好自己的个人信息。现在的网上信息鱼龙混杂，所以在浏览网站以及与人聊天时千万不能泄露自己的个人重要信息，一旦出现因个人信息泄露而被诈骗的情况时，要及时报警，以免造成不必要的损失。

199. 网络诈骗最新套路

(1) 假冒 10086 的伪基站短信诈骗案

犯罪嫌疑人通过群发虚假内容短信，让受害者误信是 10086 官方短信，并打开短信内容包含的钓鱼网站，从而截取到受害者的身份证号、姓名、银行卡号、银行卡验证码等重要信息，再进一步通过银行卡消费转账等行为骗取受害者的钱财。

(2) 网络投资诈骗案

犯罪嫌疑人利用微信、QQ 等社交软件广泛交友，然后选择有投资意向的"优质"客户，声称自己是资深炒股专家，骗取受害人信任，诱导受害人下载非法第三方软件进行投资，进而通过操控软件指数涨跌的方式致使受害人账户出现巨额亏损。

(3)"杀猪盘"跨境电信诈骗

"杀猪盘"是目前最流行、破坏性最大的一种诈骗手段，一般"杀猪盘"是投资盘，更多的是博彩盘。犯罪分子把受害人叫作"猪"，把婚恋交友工具叫作"猪圈"，把聊天剧本叫作"猪饲料"。他们通过婚恋网站、聊天交友工具等筛选易上当人群，再与受害人"谈恋爱"，在确定"恋爱"关系后，通过让受害人参与网络赌博或者其他投资骗取钱财。

200. 网络诈骗防骗指南

(1)坚决杜绝网络赌博

网络赌博为受损比例最大、受损金额最大的风险行为。随着网络的普及和网络技术的发展，赌博也通过网络渗入到人们的生活中，参赌者不需要见面，只需操作电脑、手机就可以感受那份财富倏忽来去的刺激。然而，网络赌博对参赌者身心、生活、工作、家庭带来了更大的危害。杜绝网络赌博需要广大用户共同参与，识别网络赌博、举报网络赌博，共同净化环境。

(2)谨防"信用卡提额"诈骗

许多不法分子利用消费者对信用卡的使用偏好，催生了新的诈骗行为，使消费者落入骗局。在此类诈骗中，不法分子往往先假冒某银行发送诈骗短信，谎称可提高信用卡额度，并在短信中附带网址链接。这些链接实为钓鱼网站，一旦按网站上的要求填写个人银行卡信息，信息便被骗子在后台获取。随后假冒客服再以"提额申请需提供验证码验证资产"等为由，索要验证码，最终转账完成诈骗。消费者如有提额需求，一定使用官方渠道，管好身份信息，切记不要将手机里的短信验证码告知他人，也不要随意打开短信、微信里的不明链接。

(3)核实"真假亲友"

近几年频频出现犯罪分子通过窃取社交软件中的好友信息后,冒充受害人的好友,设置骗局,以诈骗为目的,对受害人实施远程、非接触式诈骗,诱使受害人给犯罪分子汇款或转账的犯罪行为,主要包括:骗子编造"住院抢救、交通事故、购买机票、报班培训、保护银行资金账户"等理由实施诈骗。如果遇到此类诈骗,一定要使用多种方式确认对方真实身份。若自身账号被盗,应该及时通知其他亲友,以防不法分子乘虚而入。

(4)警惕"一扫获利"

如今,扫二维码支付已经非常普及,但在日常生活中千万不能见码就扫。目前比较常见的扫码诈骗大致有三类:第一,陌生人加好友后,通过分享二维码拉到一个群里,这个群里会有各种所谓的投资专家,鼓励你在某个虚假投资网站上进行投资,从而被骗;第二,盗号后伪装成好友,通过发二维码让受害人扫码转款而被骗;第三,不法分子收集到个人的手机号码,以各种要验证资质等方式,让受害人扫码,访问到钓鱼网站,从而窃取手机内的银行卡信息、密码,并拦截短信转走卡内金额。因此,如果扫描后需要填写身份证号和银行卡号等个人信息,应谨慎或立刻停止操作。

(5)预防和化损要两手抓

消费者可通过了解安全信息,购买安全险等事前预防。预防网络诈骗要做到以下几点:①不贪便宜;②使用比较安全的支付工具;③仔细甄别,严加防范;④不要在网上购买非正当产品,如毕业证书、考题答案等;⑤不要轻信以各种名义要求你先付款的信息,不要轻易把自己的银行卡借给他人;⑥提高自我保护意识,注意妥善保管自己的个人信息,不向他人透露本人证件号码、账号、密码等,尽量避免在网吧等公共场所使用网上电子商务服务。如果发生损失要保持镇静,第一时间保护好个人账户,记录诈骗相关信息后申请第三方索赔,并在 24 小时内联系警方处理。

后 记

随着互联网应用技术、新媒体的迅猛发展，人民群众对政府提出了更高的要求。不仅仅要解决好"门好进、脸好看、事难办"的问题，而且还要政府拥有更快更高效的办事效率。实施"互联网＋政务服务"，即方便又快捷，大大节约了时间，提高了工作效率，使一些原来许多天都解决不好的问题，通过"互联网＋政务服务"可能很快就能办好，省了老百姓去东奔西走，让老百姓的心气顺了。

2019年，我国各地区各部门认真贯彻落实党中央、国务院的决策部署，大力推进各级政务服务平台建设，以国家政务服务平台为总枢纽的全国一体化在线政务服务平台初步建成，推动了各地区各部门政务服务平台互联互通、数据共享和业务协同，为全面推进政务服务"一网通办"提供了有力支撑。2020年初，互联网政务服务在新冠肺炎疫情防控中发挥有力支撑，用户规模显著提升，一体化政务平台应用成效越来越大，社会认知度越来越高，群众认同感越来越强，已经成为创新政务管理和优化政务服务的新渠道。

随着网络信息技术的快速发展和广泛应用，互联网已经覆盖了人民群众生活工作的方方面面，成为社会舆论传播和民众利益诉求的重要渠道，成为党和政府密切联系群众、服务群众的重要桥梁纽带，也成为国家安全、经济发展和社会稳定的关键基础设施。作为一名新时代公职人员，必须主动适应网络信息时代发展趋势，大力提升自身的网络素养。希望本书的出版能够为广大公职人员互联网知识的学习带来帮助。

在编写本书的过程中，我们借鉴并吸收了一些专家的科研成果和相关资料，在此特对有关作者深表感谢。同时，由于编者水平有限，书中若有疏漏和不当之处，敬请广大读者与专家批评指正。